◎小小程序员系列丛书◎

玩转Scratch趣味编程

郝国舜◎编著

机械工业出版社
CHINA MACHINE PRESS

本书分为案例篇和算法篇两大部分。案例篇带领小朋友们一步步去制作各种作品；算法篇通过 Scratch 制作的动画来展示计算机最基础的算法，让小朋友们能够尽早感受算法的魅力。每个案例的讲解中会穿插大量的“技巧”“注意”“思考”“课外作业”等内容，随时为小朋友们展示一些功能实现的小技巧，引导小朋友对更深入的内容进行必要思考。同时，为了让小朋友们能在后续学习真正的编程语言时顺利衔接，本书还提供了一些典型积木指令块的对应 Python 代码，让小朋友们能感受到 Scratch 和真正编程语言之间的相同点和不同点。

本书适合初学编程的小朋友学习使用，也适合想让孩子学习 Scratch 编程的家长阅读参考。

图书在版编目（CIP）数据

玩转 Scratch 趣味编程 / 郝国舜编著. —北京：机械工业出版社，2020.3

（小小程序员系列丛书）

ISBN 978-7-111-64596-2

Ⅰ. ①玩… Ⅱ. ①郝… Ⅲ. 程序设计-少儿读物 Ⅳ. ①TP311.1-49

中国版本图书馆 CIP 数据核字（2020）第 014892 号

机械工业出版社（北京市百万庄大街 22 号　邮政编码 100037）

策划编辑：张淑谦　　责任编辑：张淑谦

责任校对：张艳霞　　责任印制：张　博

北京宝隆世纪印刷有限公司印刷

2020 年 3 月第 1 版 • 第 1 次印刷

184mm×260mm • 11.25 印张 • 278 千字

0001－2500 册

标准书号：ISBN 978-7-111-64596-2

定价：79.00 元

电话服务

客服电话：010-88361066

010-88379833

010-68326294

网络服务

机　工　官　网：www.cmpbook.com

机　工　官　博：weibo.com/cmp1952

金　　书　　网：www.golden-book.com

机工教育服务网：www.cmpedu.com

前　言

作为一名计算机博士，编者之前也觉得 Scratch 可能有点太“小儿科”，但真正进行研究后才发现，简单的工具不代表不能做出有意思的作品，或者说，用简单的工具实现复杂的产品是另外一种乐趣与挑战。

简单的工具可以让小朋友将更少的时间“浪费”在学习编程技能方面，而把大量的时间用在思考、探索、创新上，这才是图形化、积木式 Scratch 编程的最大优势。编者见过不少小朋友已经着迷于 Scratch 了，所以希望让这本书能更加贴近小朋友的需求，带领他们一起制作好玩的作品，让他们快速走过编程“从 0 到 1”的阶段，并让他们能初步感受到 Scratch 和“真正的编程语言”之间的区别和联系，这也是本书提供一些 Python 对照代码的初衷。

案例设计

本文的案例经过编者的精心挑选，每个案例都综合了可玩性与教学性。

在编程技术方面，前面几个案例运用了大量的 Scratch 技术点，小朋友只要掌握了前 4 章的内容，就可以被称为 Scratch 小达人了。

后面几章的案例更加注重可玩性和多样性，既有小朋友喜欢的游戏，也有电子贺卡、算术四则运算测试等实用内容。再之后还有算法科普篇，让小朋友能初步感受计算机算法的魅力。

整本书的内容设计能够让小朋友在跟随案例制作的同时，引导他们自己进行思考和探索，真正把案例里蕴藏的技术点转化为自己掌握的技能。

潜在读者

本书面向所有想学习 Scratch 编程的小朋友，所以在语言上尽可能地通俗化和简单化。当然，小朋友学习编程时，不可避免地会遇到一些问题，如果家长能随时为小朋友提供一些指导，会让他们的学习少一些困难，多一些效率。所以，建议家长在有时间的情况下，和孩子一起完成本书的阅读，和孩子一起成长。

阅读方法

本书第 1 章介绍了 Scratch 的基本操作，这是整本书的基础；第 2～4 章的三个游戏案例在技术难度上是循序渐进的，建议读者按照顺序阅读；5～7 章的案例相对独立，小朋友也可以按照自己的兴趣挑选最喜欢的先阅读；8～10 章是算法科普内容，不要求小朋友自己去实现那些案例，但希望小朋友们能把案例运行一下，在动画效果中体验“算法”的魅力。

本书在案例的常规讲解之外，还专门提炼出了技巧、注意、思考、作业、扩展阅读等内容，让内容更加清晰生动。另外，本书所有重要案例内容都配有全系列讲解视频，以及补充的拓展内容，可以直接扫码观看，或者通过机械工业出版社计算机分社官方微信订阅号——IT 有得聊来下载观看。本书还为读者提供了书中案例的源代码，读者可登录网址：https://scratch.mit.edu/studios/25134564/学习参考。

编　者

目　　录

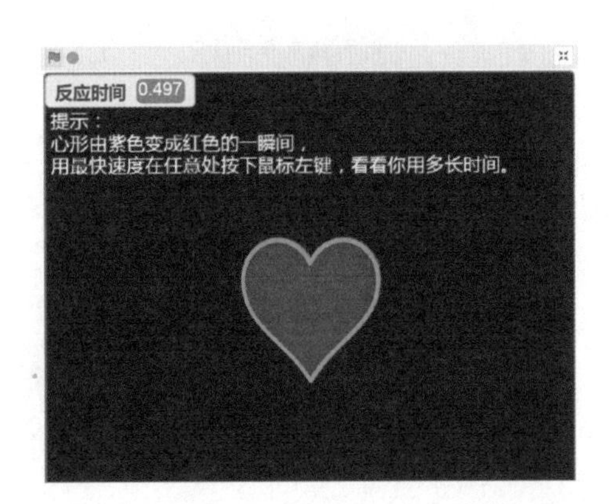

剩余生命 3
炸弹数量 3
击毁敌机 10
B

第5章 找不同 / 91

第6章 声光并茂的贺卡 / 113

第7章 四则算术运算测试器 / 127

算　法　篇

案 例 篇

案例篇精心设计的案例能让小朋友们快速掌握 Scratch 的必要技术点，以及搭建程序积木的技巧。当然，这些案例虽然是循序渐进的，但它们各自的难度也不低，希望小朋友们提前做好准备。如果你真的遇到了困难，可以把对应的代码下载下来去对照。当然，更希望小朋友们在制作完一个案例之后，能够用各种方式去“改装”它，别怕把它玩坏，这样才能体会到更多乐趣，学到更多知识。

好了，我们开始进入案例篇吧！

初步认识 Scratch3.0

本章知识点

1．了解“程序”“算法”的神奇。

2．了解什么是 Scratch。

3．启动在线版 Scratch，了解如何分享作品。

4．安装离线版 Scratch，了解如何把离线作品分享到线上。

5．学会“改编别人作品”这个重要的学习方法。

1.1 我们随时活在“程序”中

我们随时都在使用程序和算法，只不过很多时候并不是用在计算机上，我们也没有意识到。

比如人们有个玩笑，问把大象关到冰箱里需要几步？答案是三步：①把冰箱门打开；②把大象关进去；③把冰箱门关上。其实，这就是程序。

解决问题的思路，一般称为算法；按照算法的思路制作成的代码，就是程序。

再举个例子，小学生学习的多位数乘除法都是有“套路”的，比如下图的乘法步骤，就是非常典型的“算法”，只要你按照这个步骤来做，多复杂的问题都能算出正确答案。

$$\begin{array}{r}14\\ \times 23\\ \hline \end{array} \xrightarrow{\text{第一步}} \begin{array}{r}14\\ \times 23\\ \hline 42\end{array} \xrightarrow{\text{第二步}} \begin{array}{r}14\\ \times 23\\ \hline 42\\ +28\ \end{array} \xrightarrow{\text{第三步}} \begin{array}{r}14\\ \times 23\\ \hline 42\\ +28\ \\ \hline 322\end{array}$$

计算机算法，也类似于上面的多位数乘法计算，只不过它是指挥计算机去“计算”的。

THINK 思考：

你还能想出生活中的算法和程序吗？生活中的程序可是无处不在的。

比如：路上要遵守的交通规则可以看作是一种程序，它规定了汽车、自行车、行人要遵守的规则，如果不遵守就可能出事故。

小朋友们几点到学校、每天上什么课，也是事先制定好的程序。所以，理解程序式思维，对日常的生活也有很大帮助。

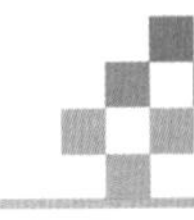

HOMEWORK 作业：

每个小朋友可能都会参与某项运动，比如篮球、足球、乒乓球，你能说出这项运动的“规则”吗？想想它们是不是也可以被理解为“程序”？最初给这项运动制定规则的人是不是就在“编程”？

1.2 Scratch，来自 MIT 的程序积木

Scratch 可能是全球最普及的针对小朋友的编程启蒙平台，它采用图形化、积木式的编程方法，小朋友用它能很快掌握基本的编程技术，然后就可以边玩边发挥想象，去制作自己想要的作品了。

比如我家小朋友就自己制作了一个“锄禾日当午”的动画：一只小猫拿着锄头来回锄地，之后又加上了日出和日落动画，之后又给小猫加上了一些抱怨的声音，再之后又在我的激励下制造了黑夜白天的效果切换。

希望小朋友除了跟着本书例子去操作外，也能自己构想一些作品，然后尝试去实现它，这才是把 Scratch 当成一种游戏、获得最大的乐趣与收获的方法。如果你遇到了困难，可以去 Scratch 的主页找找有没有别人做出了类似的效果，或者咨询老师或家长。

1.3 只要有个账号，就可以开始搭积木了

Scratch 主页地址

几乎所有主流浏览器都能够兼容 Scratch，假如小朋友知道什么是浏览器，那么只要打开浏览器，在网页地址栏里输入下图红色框中所示的地址“scratch.mit.edu”，就可以直达 Scratch 主页了。这里“mit”是美国著名大学麻省理工学院的简称，“.edu”是大学的专用网址扩展名。

小朋友第一次输入这个地址的时候，可能会觉得有点麻烦，但只要你第一次输入并且访问了这个页面，以后再输入时浏览器就会自动补全；当然，你也可以让家长帮忙给页面设置一个书签。

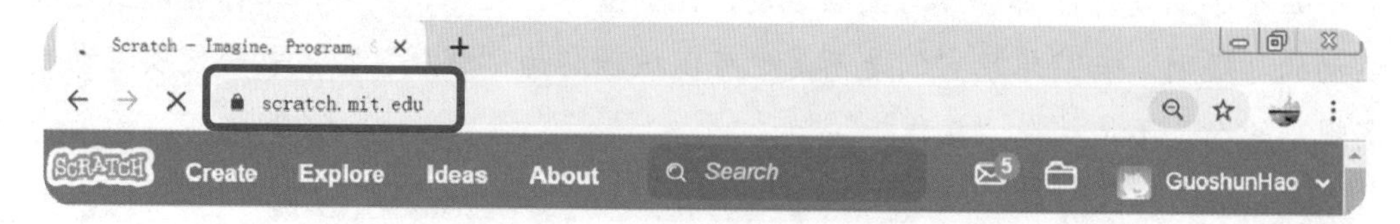

进入主页之后，如果小朋友不习惯英文界面，可以把网页翻到最下面，找到切换语言的选择菜单，如下图所示。

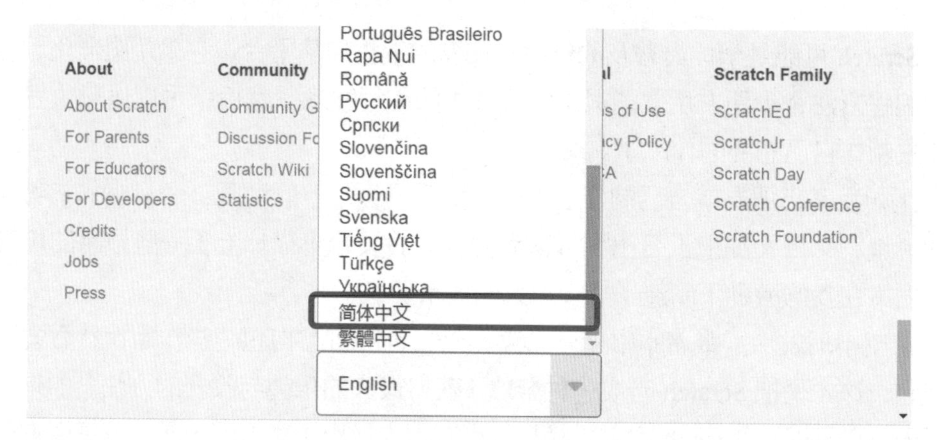

改成中文界面后，Scratch 的主页如下图所示。

创建 Scratch 账号

单击上图中红框内的“开始创作”按钮，就可以进入 Scratch 的积木式编程界面了。

但是先别急，我们强烈建议小朋友先申请一个自己的 Scratch 账号。单击上图“开始创作”右侧的“加入”按钮，就会进入到下图所示的账号申请界面，除了设置用户名和密码外，你还需要回答几个简单的问题，并且提供一个用于确认信息的电子邮箱地址，这个步骤也可以寻求家长的帮忙。

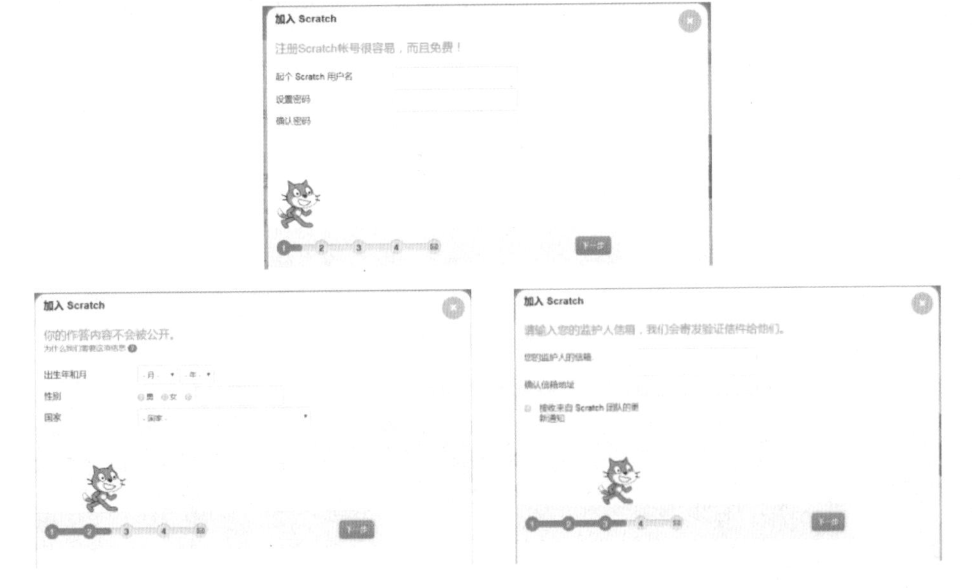

有了自己的账号，单击下图所示 Scratch 主页右上角的“登录”按钮后，就可以进入自己的专属 Scratch 平台了。

NOTICE 注意：Scratch 账号的用途

有了 Scratch 账号，你才可以把自己的作品存储在 Scratch 的后台，只要有网络的地方就可以进行在线编辑和修改。

有了 Scratch 账号，你才可以把存储在 Scratch 后台的作品共享给全球任何人。

有了 Scratch 账号，你才能把别人的作品下载到自己的账号里进行研究和改编。

1.4 本地 Scratch 的安装

使用 Scratch 在线编程环境的好处是，你能把自己的作品存储到 Scratch 的后台，在任何有网络的地方都可以用笔记本、平板电脑甚至是手机打开自己的作品。

当然，如果网络状况不理想，在自己的计算机本地使用 Scratch 是更好的方法，所以我们这里讲解一下如何安装 Scratch 到本地。下载 Scratch 本地编辑器的位置比较隐蔽，仍然要翻到主页的最下方，单击如下图红色区域所示的“离线编辑器”。

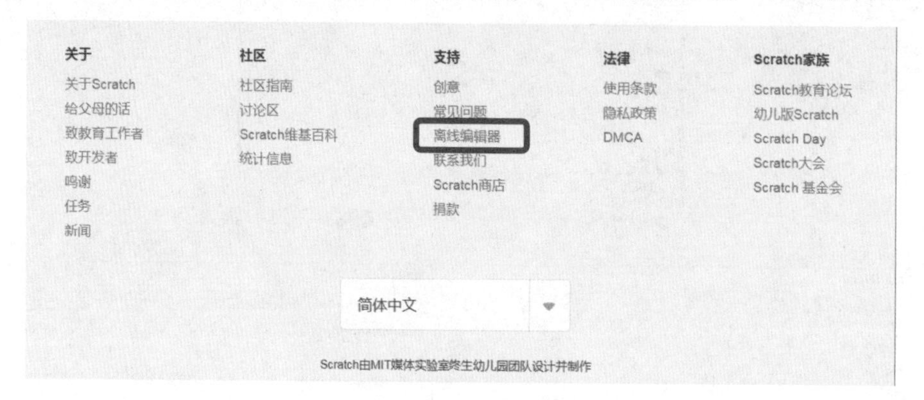

之后进入到下载界面。网页会自动根据用户计算机操作系统的不同，把不匹配的版本显示为灰色。比如编者使用的是 Windows 系统，如下图所示，就不能下载 macOS 版本。

按照上图所示的安装指导步骤，先单击“下载”按钮，再运行下载的文件就可以安装了。苹果系统的安装方法类似，如果小朋友不能独自完成，也可以请家长帮忙。

HOWTO 技巧：学习 Scratch 的最重要方法

Scratch中有不少值得小朋友去学习和研究的作品，你可以把它们“下载”下来研究和学习，甚至可以去改编它们，这可能是最快的提高自己Scratch编程水平的方法之一了。

Ch1-1
熟悉界面

1.5 熟悉 Scratch 界面

现在让我们熟悉一下 Scratch 的界面，如下图所示。下面我们将介绍 Scratch 的主要操作方法，在后面各章节里，我们就不再强调每个操作的具体步骤了。

菜单项

在如上图所示的 Scratch 主界面里，最上面的蓝色区域是菜单区域。如果你在使用本地 Scratch 版本，单击“文件”菜单会弹出下图所示菜单项，你可以新建立一个作品、打开电脑中已有的作品，或者把当前作品保存到电脑中。

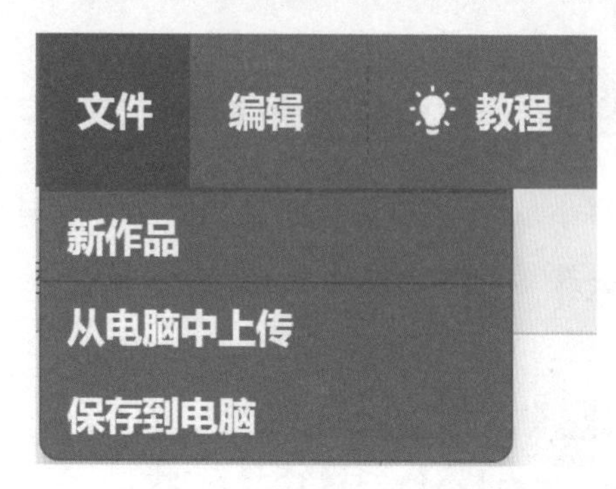

NOTICE 注意：随时保存作品

创作作品时，养成随时保存的好习惯，能够避免突然出现问题时使已经完成的作品丢失，尤其是在使用离线版的 Scratch 编辑器时。实际上，不止在 Scratch 编程时应该有这个习惯，在计算机上做任何工作都应如此。

HOWTO 技巧：如何将本地的 Scratch 作品分享到线上？

如果你在使用在线 Scratch 编辑器并且已经登录账号，单击“文件”菜单会弹出下图菜单项，其中黄色框部分是把当前作品保存在 Scratch 的后台，而下面红色框部分可以实现从电脑本地读取作品到线上，或者把线上的作品保存到本地。

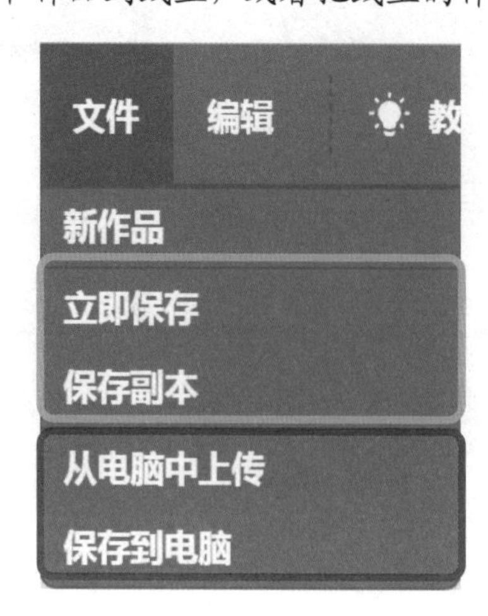

如果你想把本地作品分享到线上，那么先在 Scratch 的在线编辑器里单击“从电脑中上传”，然后再单击下图的“分享”按钮就可以了。

HOMEWORK 作业：如何把保存在 Scratch 线上的作品保存到本地

如果你有一个在线作品，要如何把它保存到你的计算机呢？提示：前面提到过，也要通过在线 Scratch 编辑器来实现。

舞台和角色

Scratch 操作的对象有两类：舞台和角色，它们都在 Scratch 主界面的右下角有显示。

下图显示了角色控制区的构成，其中，橙色框区域内显示当前所有角色；红色框内是当前选中角色的状态。直接在这里改变数值也可以改变角色的状态。虽然建议你通过指令代码去控制角色状态，但在这里调整可以立刻得到实时的反馈显示，因此你也可以先在这里测试不同参数的效果。

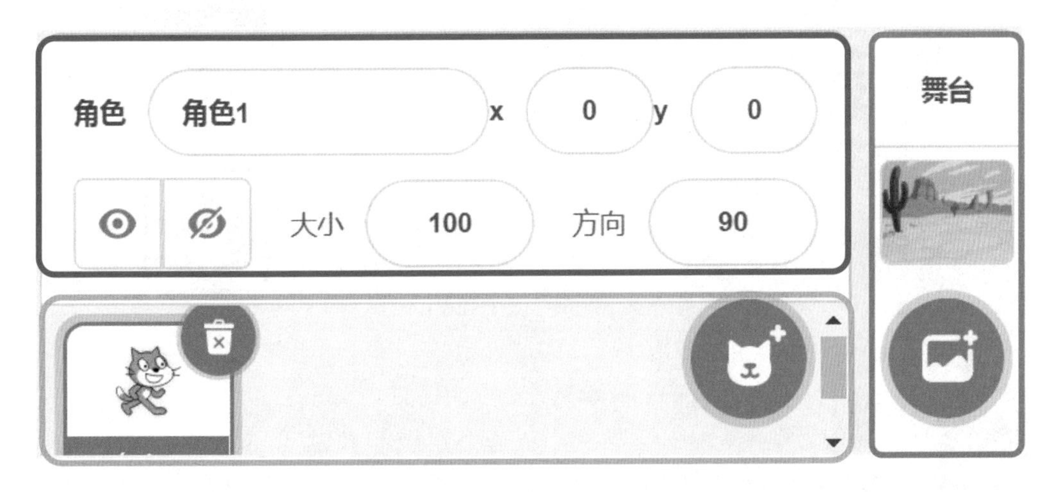

当你把鼠标滑动到上图右侧绿色框下方按钮上时（不需要按下鼠标键），会弹出如下所示的角色添加菜单，你可以通过不同的方式添加角色。

在角色控制区的右侧，是控制舞台背景的区域，如下图所示，它的下侧也有类似的背景添加按钮。

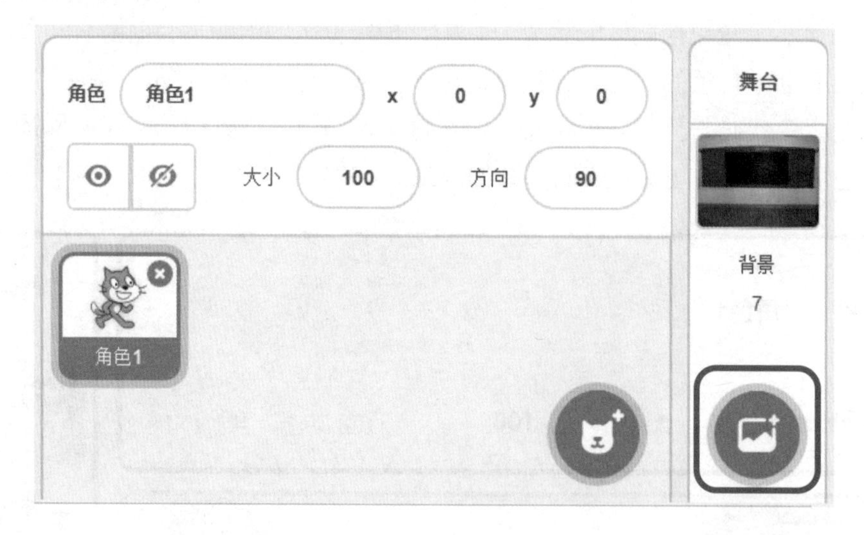

HOWTO 技巧：提示信息

如果你不明白前面图中绿色框中不同按钮的作用，把鼠标停留在按钮上一段时间，就会弹出对应的提示信息，比如下图中的提示为：这个按钮可以随机添加一个角色。这是几乎所有软件都有的特征，对自学有很大帮助。

下图弹出的四个菜单按钮，从下至上的功能分别是：添加一个系统提供的角色、自己绘制一个角色、随机选择一个系统角色、上传一个角色。

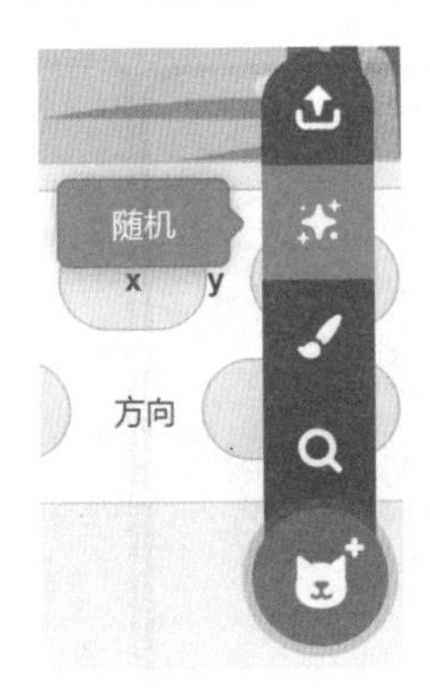

不同角色对应着不同代码

所有的角色都会显示在角色的控制区域里，单击每个角色右上角的小叉号，就可以删除这个角色。当然删除角色要小心，万一不小心删除了不想删除的角色，及时按键盘的〈Ctrl+Z〉组合键还可以恢复（就是先一直按着〈Ctrl〉键，然后按下〈Z〉键，再松开〈Ctrl〉键；在苹果的Mac系统里，对应的按键是〈苹果+Z〉组合键）。

舞台和每个角色都有自己对应的代码（有些书也称作“脚本”）。小朋友可以打开下面这个作品，看看不同的角色对应着怎样的不同代码。

作品链接：本书贺卡案例代码（通过公众号下载，具体方法见图书封底）

对角色和舞台的编程，都统一在主界面的左侧区域进行，如下图所示。单击红色框里的“代码”“造型”“声音”，你就可以进入到对应角色或舞台的程序页面、造型页面和声音页面中。

代码区域

下图绿色框内是“指令块”区域，里面放置了Scratch所有可用的指令。

橙色框内是用于编程的区域，把指令从绿色区域拖动到橙色的代码区，就可以编制你希望的程序了，小朋友们要能够熟练掌握“拖动”操作。

你不必担心代码中橙色区域里的位置不够用，这个区域会随着程序内容的增多自动放大。如果你想移动这个区域，那么把鼠标挪到白色的空白处按住不放，就可以移动代码区域的位置（苹果系统里可以用双指快速滑动实现）。

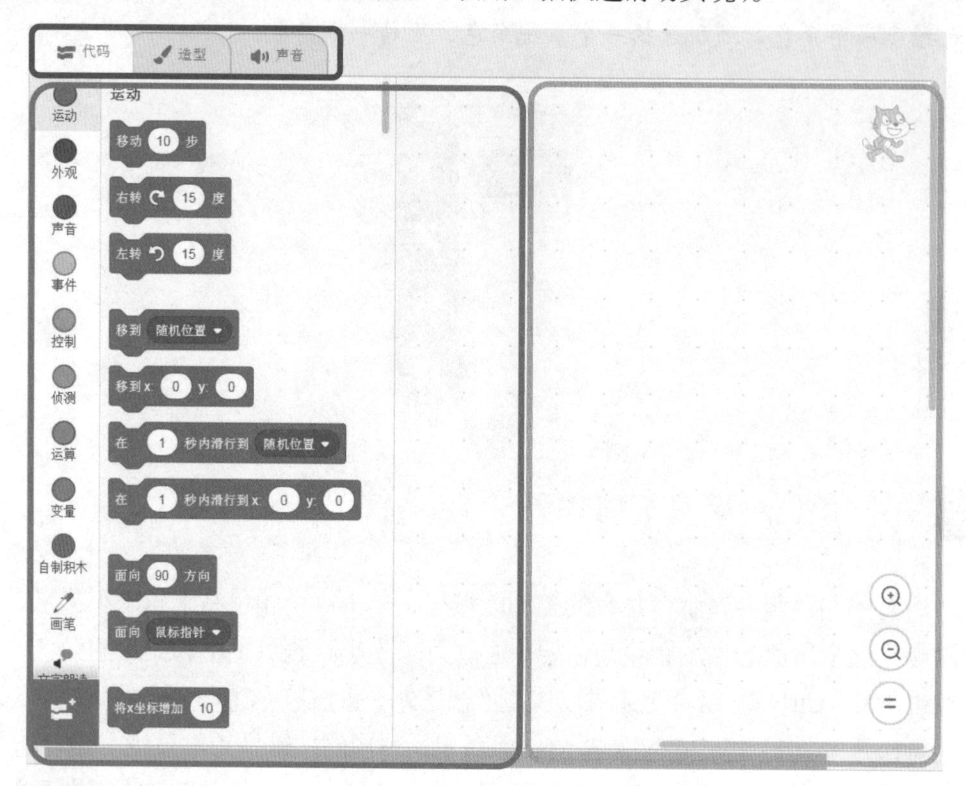

TIPS 技巧：代码区域对应角色的显示

不同角色对应着不同的程序，上图橙色框区域的右上角还有半透明的角色图标，提示你当前正在编辑的是哪个角色或舞台。

代码区域的右下角有缩放的工具按钮，如下图所示。“加号放大镜”是放大，“减号放大镜”是缩小，“等号”是恢复原始比例。

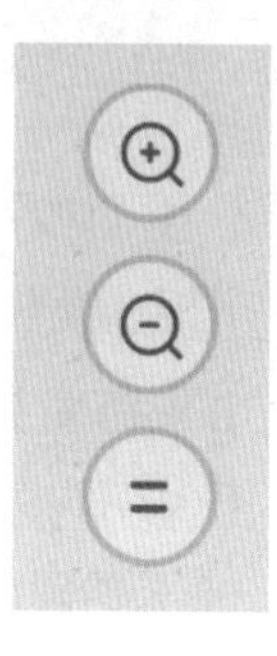

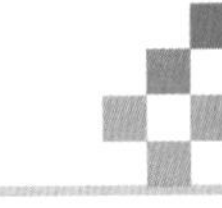

指令块区域

Scratch 的指令块用不同颜色区分了不同类型，如下图所示。小朋友们根据文字的含义就可以体会到它们的含义，建议小朋友们花一点时间去熟悉一下各个分类下的所有指令块，先对它们有个大概的认识。

“运动”“外观”“声音”的指令比较好理解，分别控制角色的运动、角色的外观、角色发出怎样的声音。“事件”和“控制”类指令块主要是对程序的执行逻辑进行控制；“侦测”部分主要是对角色状态或者键盘鼠标的状态进行监测，取得相关的状态值；“运算”部分能对各种数据进行运算，包括数字型、字符串型、真假型数据；最后还有“变量”和“自制积木”部分，分别用来创建变量和自己定义积木块。小朋友现在不太明白也没关系，我们后面会一一讲到。

NOTICE 注意：指令块的参数

有些指令块是没有参数的，如下图中这些指令。

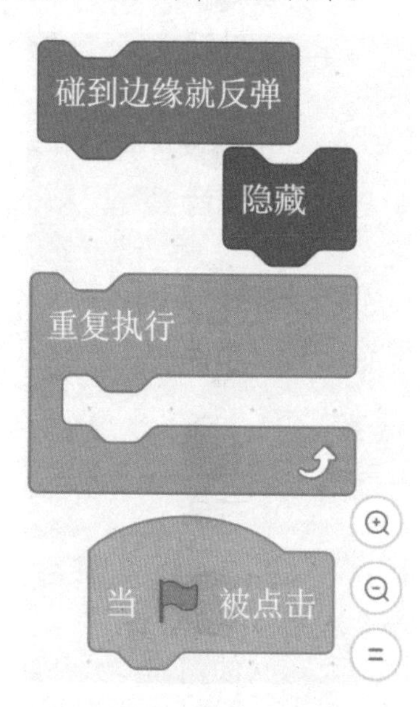

有些指令是带有参数或是要填入数值的，如下图所示。

下面这种带有下箭头的指令，意思是说里面还有一些选项可以选择（这也是所有计算机软件都默认的规则）。

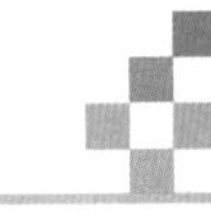

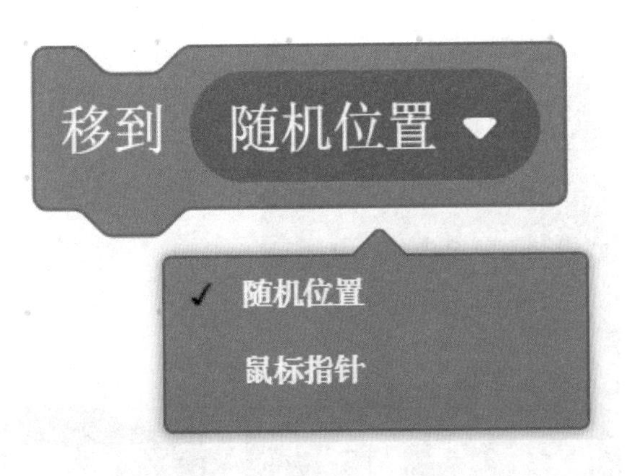

另外还有下图这样需要加入条件判断的指令。

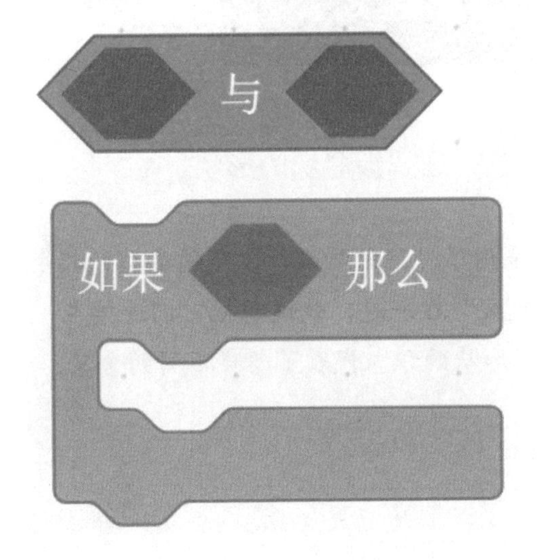

总之，很多指令不是拖过来就能用的，而是要填入适当的参数，甚至嵌入其他指令。所以不妨这么理解，每个指令块，实际上都可以看作是一个指令模板。

积木块的连接

我们不但要把指令积木块拖动到代码区域里，还要把积木块按照前后顺序连接在一起，这样程序才会按照顺序去执行每个指令块，比如下图左侧的部分。

带有绿色小旗子的指令块是程序开始执行的标记。我们可以把这种这种形状的指令块看作是程序的入口，这样的指令块才能作为代码块的开始，没有连接在这样的指令块之下的指令块，都不会被执行，如下图右侧的指令就不会被执行。

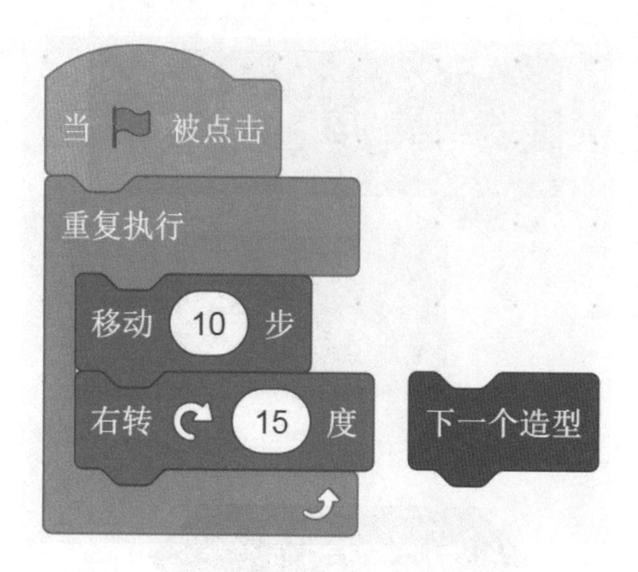

NOTICE 注意：理解指令块的形状

要注意，Scratch 采用了“防呆”设计，不同类型的指令块有一定的形状，如果上下指令块不能够“嵌入”在一起，就说明把它们连接在一起是有错误的。小朋友们要有意识地理解不同形状的积木代表了怎样不同的含义。

积木块的删除

如果你需要删除程序区域里的某个语句，也有多个方法。

1. 把指令从代码块中拖离出来之后，单击鼠标右键后选择删除。

2. 把指令从代码块中拖离出来之后，直接按下键盘上的〈Delete〉键，这样会删除拖离出来的指令块的第一个语句。

3. 把指令从代码块中拖离出来之后，直接把它拖回左边的指令区，这样所有被拖离出来的指令块就全部被删除了。

如果你操作熟练后，会发现第 3 种方法是速度最快的，要能够熟练使用。

舞台和扩展

界面的右上角是舞台区域，也就是程序运行的地方，如下图所示。其中，单击

左上角的绿旗，就能够指示程序开始运行，单击红灯可以停止程序；右上角的三个按钮可以缩放舞台的大小。

HOWTO 技巧：在舞台上试验角色的效果

舞台区域内的角色是可以用鼠标直接拖动的，松开鼠标之后角色就移动到了新的位置，并且在下侧角色控制区域显示当前位置的坐标，我们可以通过这种“试验”，得到角色的新坐标值。

最后提一句，Scratch 界面的左下角还有一个“添加扩展”按钮，里面有一些常用的模块，比如画笔、文字朗读等模块，如果你想尝试 micr:bit 或者乐高机器人，在这里也能找到对应的模块，如下图所示。

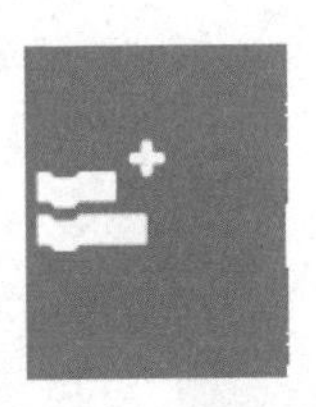

1.6 五个语句打造第一个作品

Ch1-2
基本操作

小朋友们早就迫不及待想做点什么东西了吧？没问题，我们下面就用 5 个语句，让 Scratch 的小猫动起来。所有的语句都在下图中，快看看你能不能照着这个例子制作出来并运行出结果。

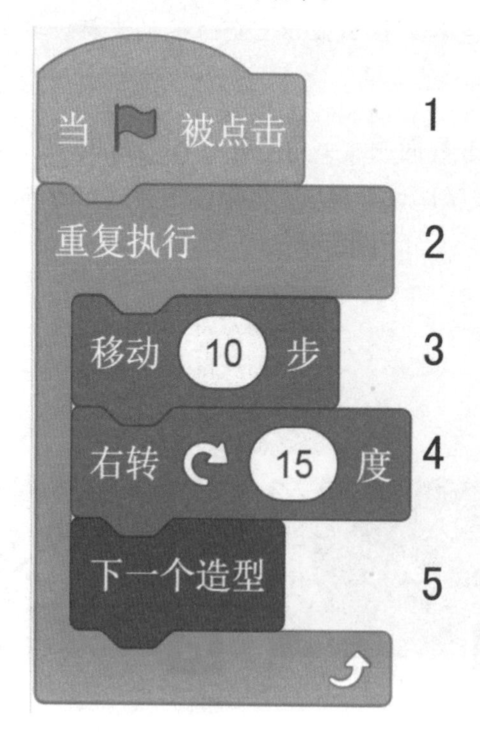

程序解释：

语句1，表示绿旗被单击，程序开始时就从这里执行。

语句2，表示重复执行它内部的语句。注意，这个循环语句永远不会停止，除非你单击了红灯。

语句3，让角色向前移动 10 步。这里要注意，“向前”是根据角色目前面对的方向而言，角色面对的方向变化后，它前进的方向也会发生变化。

语句4，让角色右转15度。

语句5，把角色改变成下一个造型。需要注意的是，一个角色可能有很多个造型，单击“造型”页可以看到具体的造型数量。如果当前造型已经是最后一个，那么会重新切换到第一个造型。

HOWTO 技巧：根据颜色迅速判断指令的分类

如果你不知道一个指令来自哪个分类，只要辨别一下指令块的颜色，就能快速找到它所属的类别。

HOMEWORK 作业：

上图只有5个语句，你可以尝试着删除一些语句，或者把其中的数值做些改变，看看会有什么变化。你还可以尝试再加入一些其他的语句，看看会有怎样的效果。

分享作品

现在就把你的作品分享到 Scratch 的主页上，让别人欣赏到你的作品，甚至改编你的作品吧。当然首先还是要通过下图红框里的菜单项保存你的作品。

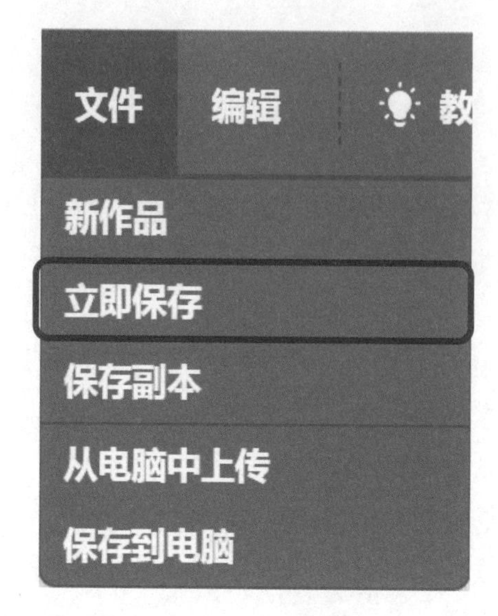

然后单击下图中的“分享”按钮。

之后就会进入到你这个项目的主页，如下图所示。在这里，你可以给项目起一个好听的名字，在“操作说明”里填入一些文字，让别人能很快知道你的作品要怎么用，或者在“备注与谢志”中填入你想感谢的人或你想说的话。

进入到在线编辑器后，如果顶部菜单中的“分享”按钮显示成如下图红框中的灰色，就表示这个项目已经被你成功分享了，你修改后保存即可，不必再次分享。

1.7 知识点回顾

本章我们熟悉了 Scratch 的界面和主要的操作，这是全书的基础。通过本章，小朋友应该掌握以下知识点。

 能自己打开 Scratch 编辑环境。

 了解 Scratch 的角色和舞台的概念。

 理解不同角色对应不同的代码。

 能够自己拖动积木指令块制作简单的程序，能够熟练地删除和修改指令块。

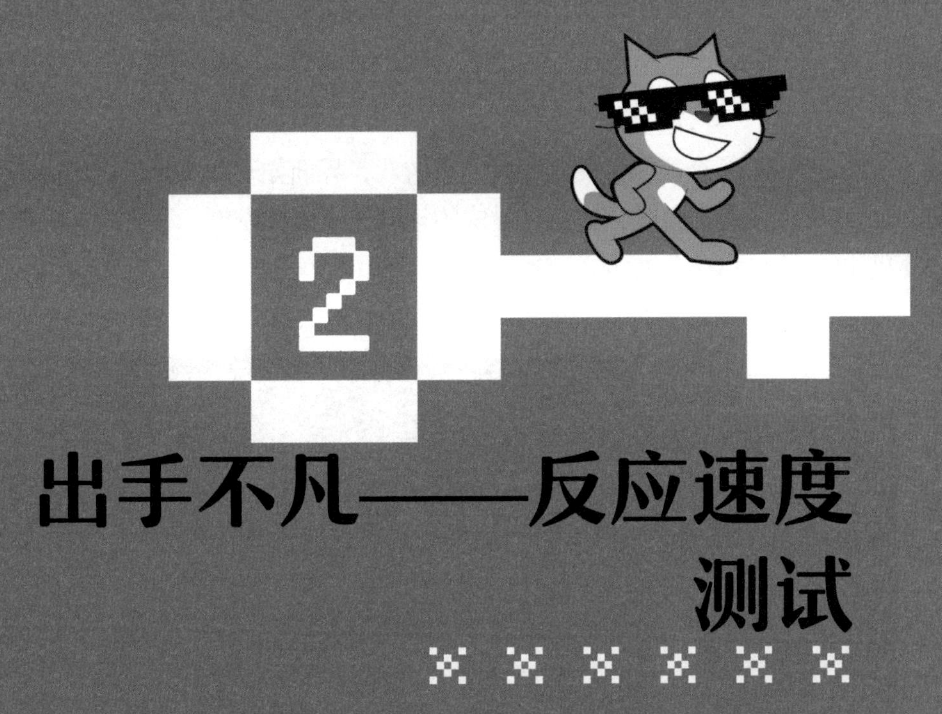

出手不凡——反应速度测试

本章知识点

这一章，我们分两步制作一个反应速度测试小游戏。其中，通过基础的版本，我们会重点学习下面几个知识点。

1. 角色的外观控制。
2. 随机数的使用。
3. 计时的方法。
4. 变量的使用。

之后我们会对基础版示例做一些完善，会接触下面这些有些难度的知识点：

1. 消息的广播与响应。
2. 列表变量以及操作。

上一章的作品只是个初步尝试，从这一章开始要制作真正的作品了。本章例子本身就非常好玩也非常实用，可以测试和训练你的反应速度，在 Scratch 里把它制作出来却也足够简单。在此基础上，我们要对这个基础版的游戏做出完善，就要开始使用一些高级的技术了。

2.1 任务和规划

Ch2-1
反应测试
初级版

任务

我们要设计一个能测试反应速度的小游戏，界面如下图所示，心形最初是紫色的，当它突然变成红色时，你就以最快的速度按下鼠标左键，程序就能测量出你的反应时间，并显示在左上角。

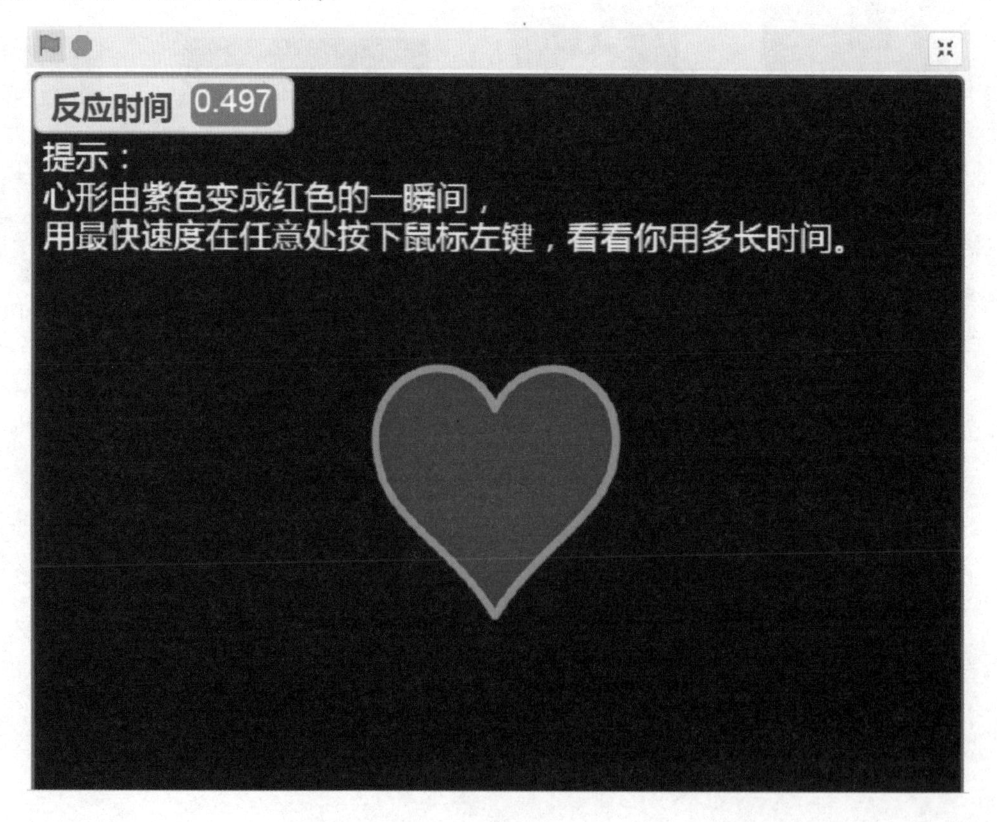

规划

一个好的编程习惯，就是在动手之前做好规划和设计。针对上面给出的任务，我们可以这样设计：

1. 绘制舞台背景。
2. 添加一个心形的角色，并且它能够变色（就是至少有两个外观造型）。
3. 捕捉鼠标单击的事件。
4. 计算心形变色到鼠标按下之间的用时。
5. 显示这个反应时间。

2.2 制作舞台背景

单击右下角的舞台控制区域，之后单击左上角的背景页标签，如下图红色框所示。

现在显示出来的是如下图所示的图形编辑器，对舞台背景和角色的编辑绘制都在这里进行。我们这里稍微介绍一下它的主要用法，未来你绘制背景或者角色时都需要使用到它。

步骤讲解

1 这个文本框里显示的就是这个造型的名称，一个角色或者舞台可以有多个造型，这里我们给它起了一个直观的中文名。

2 可以通过单击这个图标来添加文本，文本的颜色可以使用上面的“填充”和“轮廓”选项来改变。

3 如果你觉得白色背景太单调，可以利用这个矩形绘制工具画一个充满整个背景的矩形，当然也要把背景设置成一个你喜欢的颜色。

4 如果你不希望这个矩形把之前的文字覆盖，可以单击右上角的“往后放”按钮，或者如下图所示，使用“更多”菜单项直接把这个矩形放在最后面。

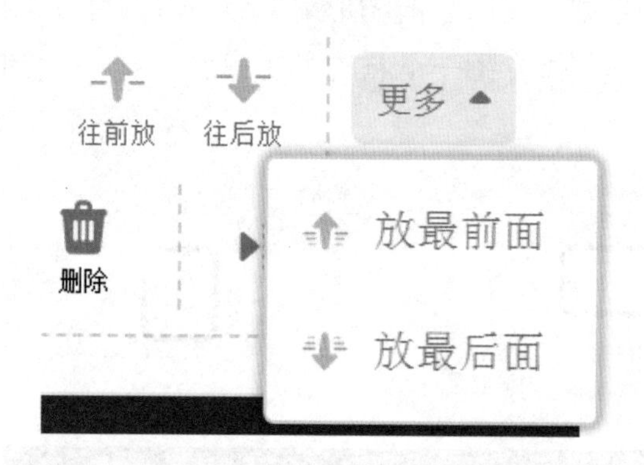

初次接触 Scratch 的小朋友，需要稍微多花些时间掌握图像绘制的方法。当然，你现在也可以直接用白色背景，甚至不需要提示文字，先忽略这些步骤也没问题。

NOTICE 注意：位图模式和矢量图模式

图像编辑器的最下面，有一个“转换为位图”按钮，说明现在我们处于“矢量图”的编辑状态。小朋友如果有兴趣，可以去比较一下两种不同的编辑状态有什么不同，但它们的区别小朋友暂时不用太深究，本书我们主要使用矢量图。

2.3 添加心形角色

单击角色区域，先单击小猫图标右上角的叉号，把它删除。然后用我们前面提到过的添加角色菜单，单击其中的放大镜，如下图红框所示，就会弹出 Scratch 自带的一些角色图形。

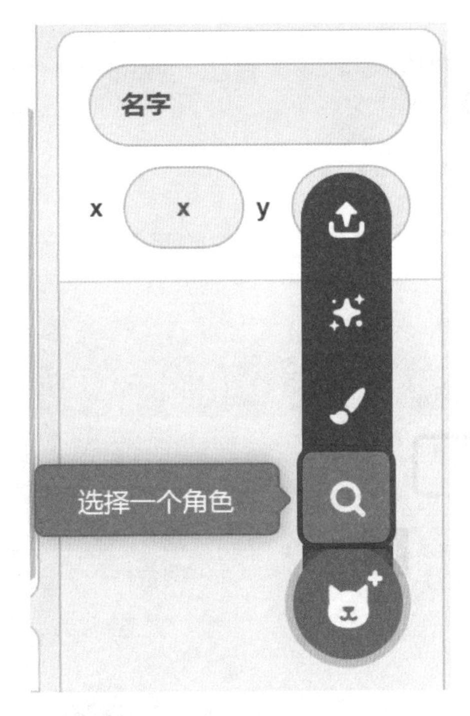

在众多的角色图形里，你要向下翻才能找到下图这个心形角色，鼠标指针滑动到它上面时，它会在紫色和红色之间切换，说明它已经带有了不同的造型。

单击这个心形，把它加入到角色区域里，就可以使用了。

如果你喜欢，可以在角色区域里把它的名称改为中文，如下图所示。

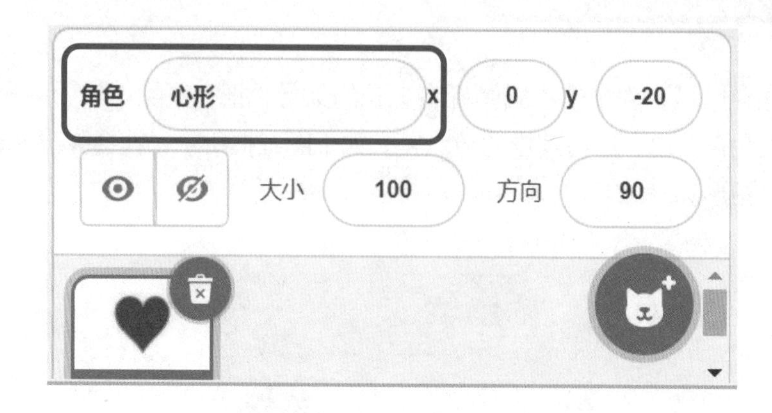

你也可以在它的“造型”页面里，把它的两个造型名称都改成对应的中文。如下两个图的红框所示。

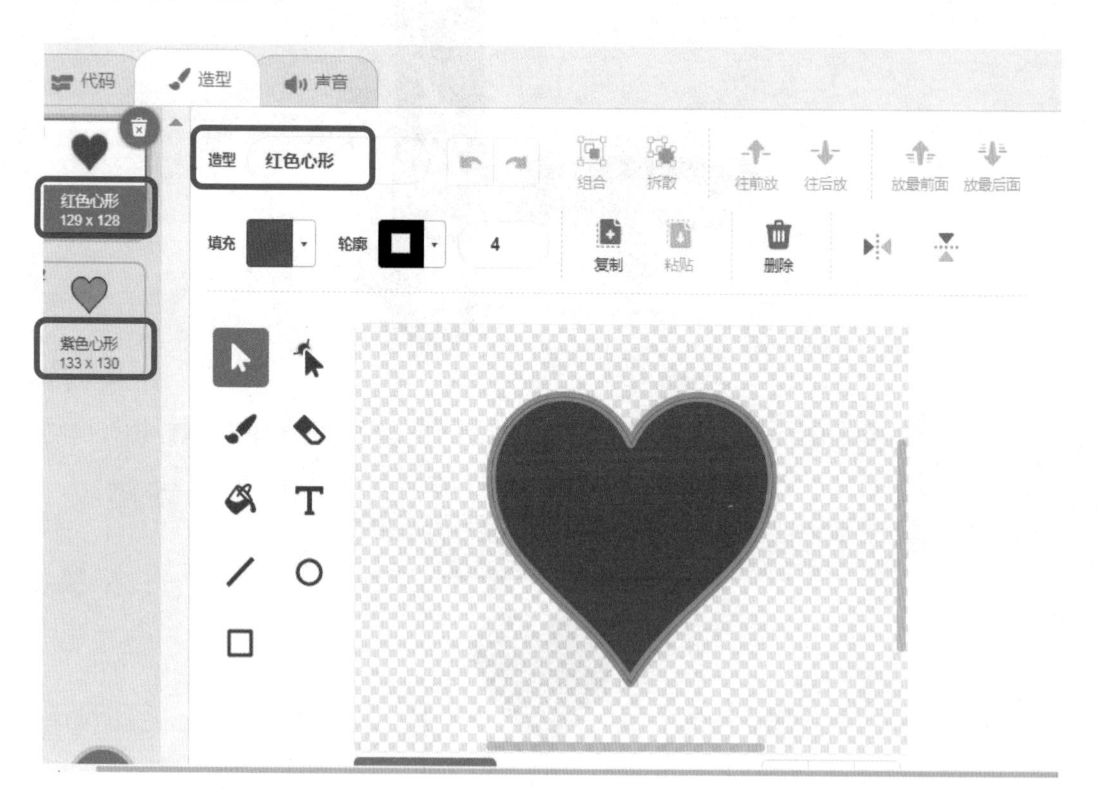

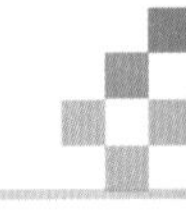

IPS 技巧：快速滚动屏幕内容

这其实不是 Scratch 提供的功能，是操作系统本身提供的，但掌握这个技巧能大大加快你的工作速度。Windows 系统下，鼠标滚轮是个快速方法，直接拖动右侧的滚动条更快，最慢的方法是单击右侧滚动条的上下箭头；在 iOS 系统下，两根手指滑动是最快速的方法。

2.4 心形角色的代码

如下图所示，实现这个初级版的反应速度测试游戏，只需要这 9 行代码即可。

语句 1 表示单击绿色旗子，开始按顺序执行下面连接的代码。

引入变量

为了记录反应时间，语句 2 使用了一个变量，名叫“反应时间”。

创建一个变量的具体步骤是，在最左侧区域单击“变量”，然后单击最上面的“建立一个变量”，弹出下图所示的“新建变量”对话框。在“新变量名”下面的矩形框里给它命名为“反应时间”，然后下面的两个选项不去改变，就让它保持选择“适用于所有角色”（后面的案例会讲到这两个选项的区别），然后单击“确定”按钮，变量就创建好了。

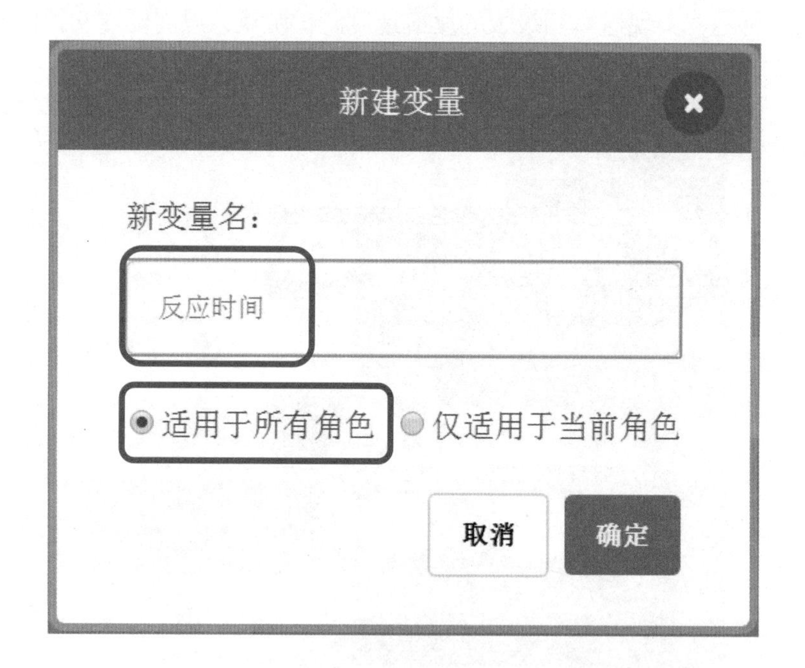

创建变量后，变量区域的积木指令块就变成下图所示。其中，“反应时间”就是变量，它的形状是两侧弧线的矩形，它前面打了白色对勾，说明这个变量的值会显示在舞台区域里，这样我们就不必专门使用其他指令来显示“反应时间”的值了。

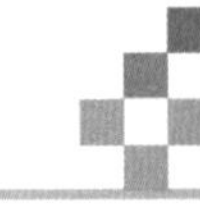

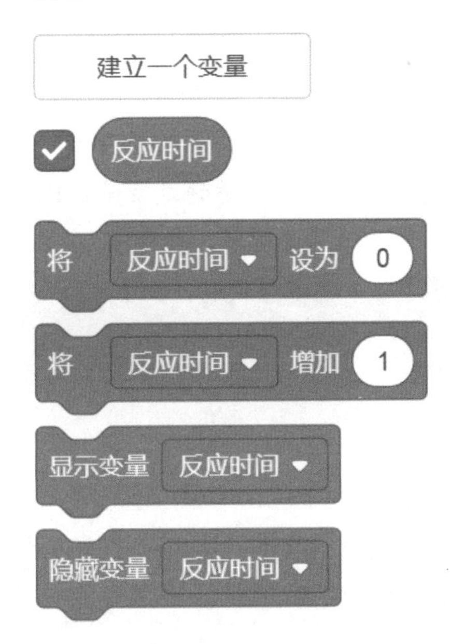

NOTICE 注意：变量显示的控制

上图中，变量前打上小对勾的意思是手工控制显示变量取值；上图中的最后两条语句让你能够通过指令块在代码里控制变量是否显示。

上图中，对变量的操作只有两条语句，它们都是修改变量的值，一条是直接设置变量值，另一条是让变量的值增加一定幅度。不论引入了多少变量，这个区域的指令块就这几个，对不同变量的操作可以通过改变下三角箭头来选择，如下图所示。

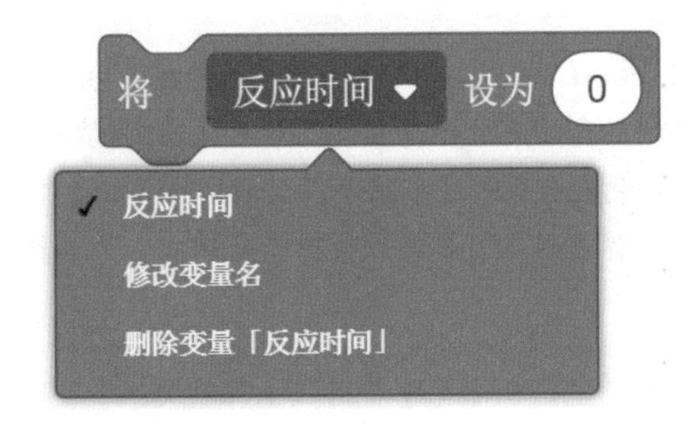

THINK 思考：变量到底有什么用？

在程序运行过程中，可能需要随时把得到的值存储起来，也可能随时要改变这些值，变量就能满足这些需要。和变量相对的是常量，比如我们看到的代码块里面那些数字，其实都是常量。常量很容易理解，数字 1 在整个程序运行期间，它就一直代表数字 1，除非你用另外一个常量替换它，比如数字 2。

改变角色造型

语句 3 强制规定心形的造型为紫色，如果没有这个规定，代码开始执行时，角色会保持现在的造型和颜色不变（比如你手动单击红色心形，游戏开始的时候可能就直接显示红心了）。把这个指令块拖动到代码区域，单击下三角，选择自己希望的造型，如下图所示。

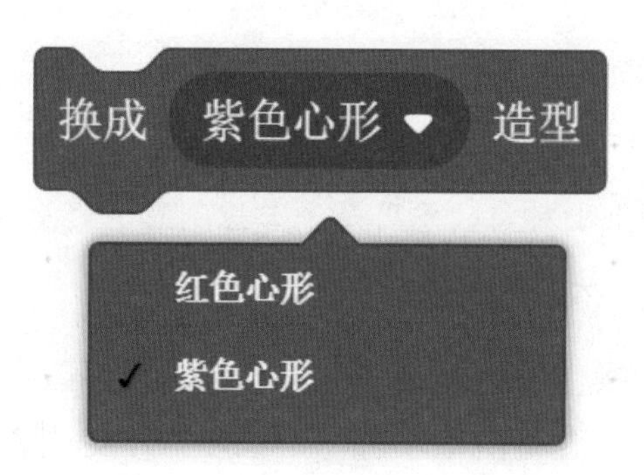

TIPS 技巧：快速执行某条指令

任何指令块在指令块区域就能够执行，不一定非要拖动到代码区。比如上图指令块，你可以在指令块的区域先选择造型，之后再拖动到代码区。也可以在指令块区域单击这个指令，角色也会执行这个指令，立刻切换成紫色心形。

掌握了这个技巧，你在编程时就可以快速尝试不同指令的执行效果，要多多运用这个技巧。

之后的语句 4 也是蓝色，和语句 3 一样属于外观类指令，但它其实并不改变角

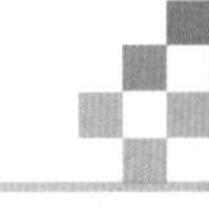

色外观，而是让角色给出一个提示框，如下图所示。

NOTICE 注意：说和思考的区别

外观类的指令里，最前面 4 个指令分别是关于“说”和“思考”的，如下图所示，你可以测试一下它们在显示上的区别。

另外，还有两个语句是带有“多少秒”的，如下图所示，它们和上面两个指令的区别就是，程序运行到这里要等待提示框显示几秒钟之后，才会继续向下执行。这些语句之间的小差别，也需要小朋友在实际尝试中去掌握它们。

2.5 随机时间

程序到现在为止，已经准备从紫色变成红色了，但这里的第 5 个语句可能小朋友感觉有点奇怪，好像左边的指令里，没有这种不同颜色混合到一起的指令啊。

它其实是由下面两个指令组合起来的。这里就有一个很重要的概念，就是指令除了前面我们看到的前后连接组合，还有这样的“嵌套”组合。这里的“等待”语句需要一个表示时间长度的数值，而右边这个语句的计算结果就是数值类型，所以它就可以作为等待语句的时间值。

这里的绿色指令是一个产生随机数的指令，比如这里就是让程序自己在执行的时候，产生出一个在 1.5 到 3 之间的任意一个数。

THINK 思考：为什么我不直接使用 1 秒而使用一个随机数？

如果使用 1 秒，多次测试的时候人们差不多就能够感受到心形总是会在等待 1 秒之后变色，而用随机数后，每次等待的时间长度都不一样，可以避免人们去“猜”等待的时间。

NOTICE 注意：小数点造成很大不同

随机数的产生和前后两个值是否有小数点有很大关系，比如在 1 和 5 之间，随机数就是 1 和 5 之间的整数，但如果是 1 和 5.0，虽然只是多了一个小数点，但产生的随机数就是带有小数点的数了，它们的效果可就大不相同了。

HOMEWORK 作业:

分别测试下面四条语句的随机数是怎样的，你就会了解其中的区别。别忘了，执行这些语句时不需要太复杂，在任何一个角色的代码区里放上一条指令，鼠标单击它就可以执行了。

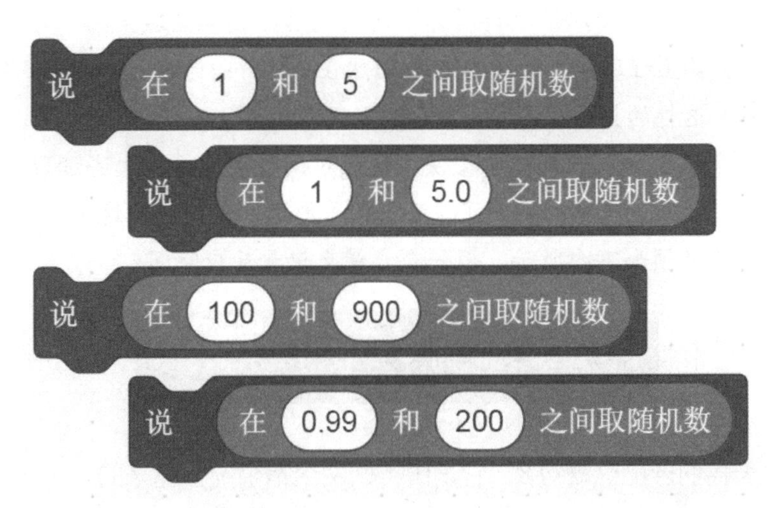

2.6 计时

我们继续解释心形角色的代码，第 6 条语句在等待了上面的一个随机时间之后，把心形切换成红色造型，然后就进入到第 7、8、9 语句的计时部分了。

语句 7 属于“侦测”类别，里面专门有如下图所示的两个指令。可以简单地这么理解：计算机有自己的一个秒表，“计时器归零”这条指令一执行，秒表就归零并开始计时。在任意时刻，你都可以用鼠标单击左侧指令区域里的“计时器”这个变量，看到它一直在默默记录的时间。

在我们的例子里，语句 7 在心形变成红色之后开始计时，语句 8 一直等待，直到鼠标按下时读出“计时器”里的时间，这就是反应速度时间。

NOTICE 注意：计时器时间只能使用一次

特别要注意的是，读取了“计时器”的时间后，指令区域里的“计时器”变量还一直在工作，甚至程序执行结束后它也仍然在工作，因为 Scratch 里根本就没有提供“停止计时”这样的指令。

在我们这个例子中，在我们希望使用反应时间时不能第二次去读取计时器，因为它里面的值早就不是当初的时间了，而是从心形变红直到现在这一刻的新时间了。

所以，我们必须如下图所示，用一个变量来记录反应时间。

回过头来我们再说说语句 8，它是由下面两个指令嵌套起来的。

有没有注意到，这里的等待和之前的等待语句是不一样的，如下图所示。

前面我们说过，两侧弧形的矩形表示数值类型，而两侧尖角的矩形，表示真假值类型。上图的“按下鼠标？”就是这样一个或者“真”或者“假”的值。

HOMEWORK 作业：

去运算类中看看里面有哪些指令是返回数值型的，哪些指令块是真假型的，并且看看你是不是能理解为什么。

另外有没有发现，Scratch 里的数值型和字符串型是不做区分的？

好了，现在你应该能够完成这个初级版的反应测试小游戏了吧？那么快快把这个游戏保存和分享起来，然后和小朋友们比试比试，到底谁的反应速度更快吧。

2.7 实现多次测试

Ch2-2
反应测试
升级版

下面，我们要对这个游戏进行改进。

在改进一个已有的作品时，为了不破坏已有的作品，需要把原来的作品另存为一个新的文件，在这个新的文件上进行改进。

NOTICE 注意：如何另存成新文件

在本地版中，你如果想把当前文件另存为一个新的文件，仍然单击下图中的“保存到电脑”菜单项，之后填入一个新的文件名就可以了。

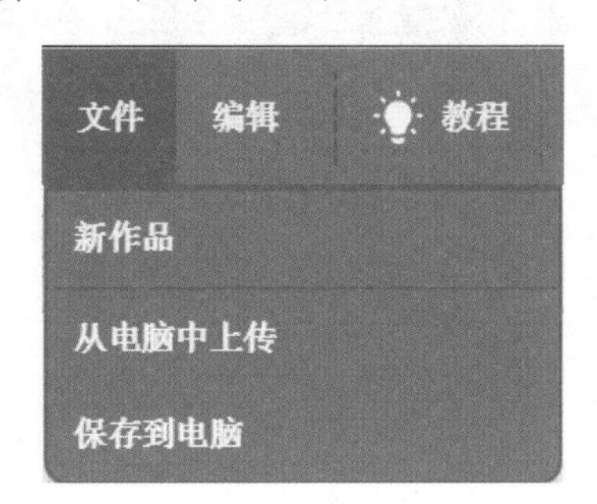

如果是在线编辑器，你需要先修改文件名，就是在下图步骤 1 的红框里填入新的文件名，然后再单击步骤 2 菜单项“立即保存”。

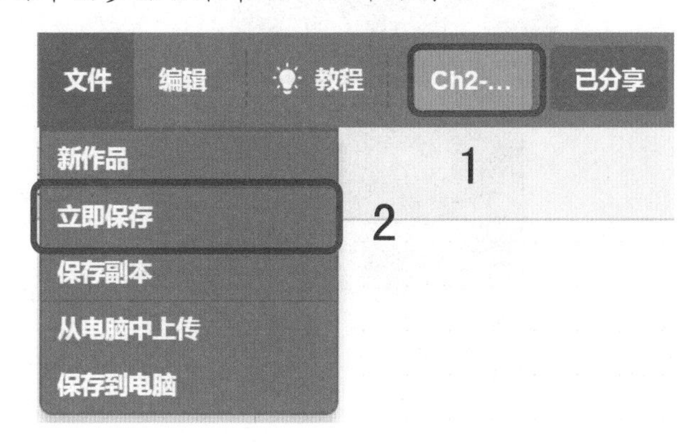

广播消息

首先，我们要解决它只能测试一次的问题。

我们想多次测试怎么办？先规划一下改进的思路：每次测试结束之后，用户需要单击一下测试按钮，发送一个消息让程序重新做好测试准备，就可以无限次测试了。

在“事件”指令类别里，有三个和消息有关的指令，如下图所示。

我们要在一次测试结束后广播一个“取得结果”的消息，在按下“测试”按钮之后发送一个“准备测试”的消息。

要创建一个新消息，你需要按下上图第 2 个指令块中的下三角箭头，弹出下图的界面。

单击新消息，弹出下图所示界面，在新消息名称对话框里填入“取得结

果”，按“确定”按钮后就生成了广播消息的语句。同样，广播“准备测试”的指令也这样生成。

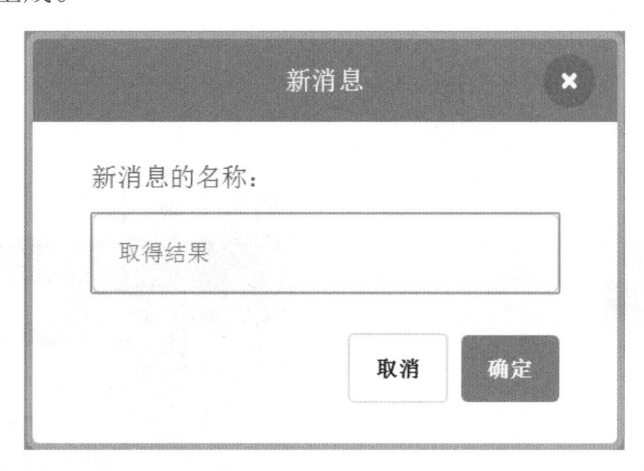

按钮角色代码

我们添加一个下图所示的角色，把角色的名称改为“测试按钮”，在绘图区域里为按钮添上文字“测试”。

它的代码很简单，只要单击后就会发送消息。

心形角色代码

心形角色代码

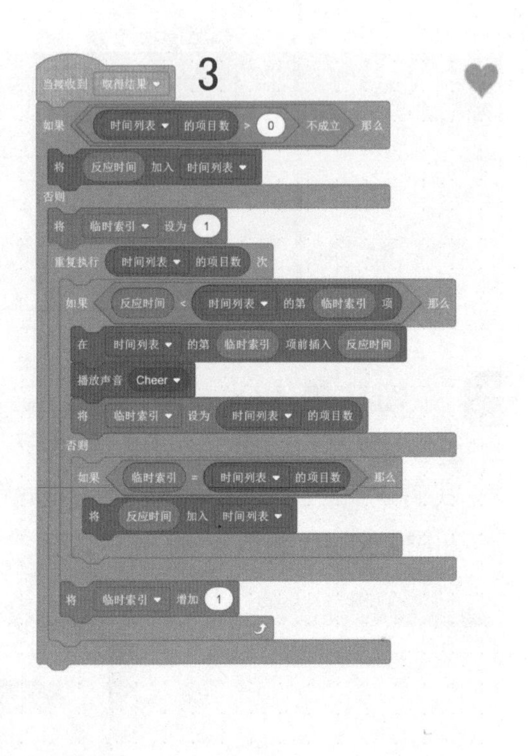

如图所示，心形角色的代码块分成了 3 部分，我们分别展开解释。

心形角色代码段 1：设置初始环境

这部分代码如下图所示，它们只负责初始的准备：设置心形为紫色，把反应时间设置为 0。注意，从第 3 个语句可以知道，我们又创建了一个新的变量“时间列表”，它还是个列表型的变量，我们准备用它存储一系列测试的时间结果。

创建列表变量的步骤和创建普通变量的步骤基本相同，在“变量”指令区里，按下图所示“建立一个列表”。

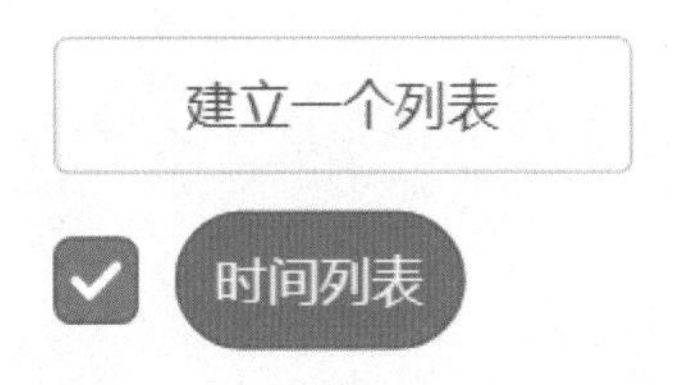

在弹出的“新建列表”对话框里填入列表名，维持它的类型为“适用于所有角色”不变。至于列表变量的用法和普通变量有什么不同，我们后面再具体讲解。

新建列表

新的列表名：

时间列表

适用于所有角色 仅适用于当前角色

取消 确定

心形角色代码段 2：把单次测试作为消息的响应

心形角色的第 2 段代码如下图所示。

语句 1 表示，它并不是在单击绿色旗子时开始，而是在接收到消息“准备测试”时才执行这一段代码。

语句 2 强制显示列表变量。

语句 3～9 和之前的初级版代码一样，但现在它们处于接收到消息之后的位置。现在游戏的操作顺序是这样：单击绿旗运行后，单击“测试”按钮，程序开始做测

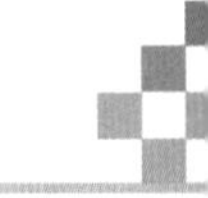

试前的准备，比如把心形设成紫色，之后开始测试；完成一次测试后，再次单击“测试”按钮，还可以再次测试。

语句 10 是在一次测试结束后，发送“取得结果”消息，后面的第三段代码会响应这个消息，把测试结果加入到创建的列表变量中。

语句 11～13 是一些锦上添花的功能，语句 11 在屏幕上提示这次的反应速度时间，它和程序左上角的“反应时间”变量内容大同小异，这里的主要目的是让小朋友们感受一下字符串的“连接”操作。小朋友需要仔细分析一下这个操作的具体操作顺序，还要注意的是它还悄悄地把“反应时间”这个数值转换成了字符串。

语句 12～13 是来自“添加扩展”里“文字朗读”模块的内容，功能很强大，但实现却很简单，小朋友们可以尝试一下。

心形角色代码段 3：整理反应时间列表

下面该把多次反应时间添加到列表的代码了。

前面我们给出的是一个完整的带有排序功能的代码。其实，如果你不想实现排序的功能，只需要用下图的代码块取代前面心形角色代码块里整个第 3 部分的语句块就可以。这两个语句很好理解，每次接收到“取得结果”的消息时，就把取得的“反应时间”添加到列表中。

什么是列表？简单地说，把多个类型相同的内容按一定顺序排列在一起，就形成了列表。比如下图所示的反应时间列表。

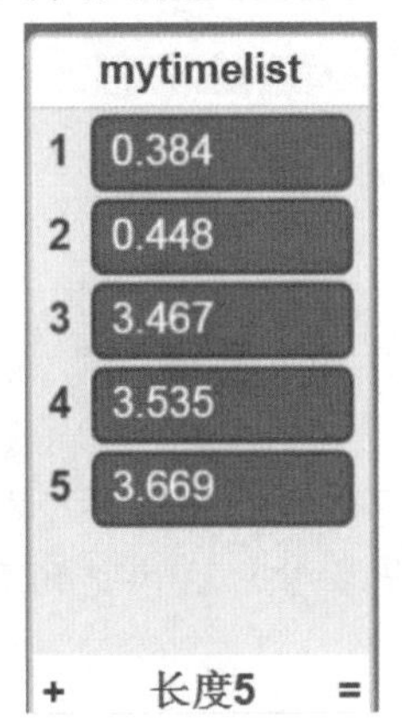

对于列表型变量，它的指令块就比较多了，比如下图的指令块只是其中的一部分。从字面的含义，我们就能大概猜出它们各自的功能。我们前面使用的是第一个“加入”指令，就是把一个值加入到列表中的最后面。

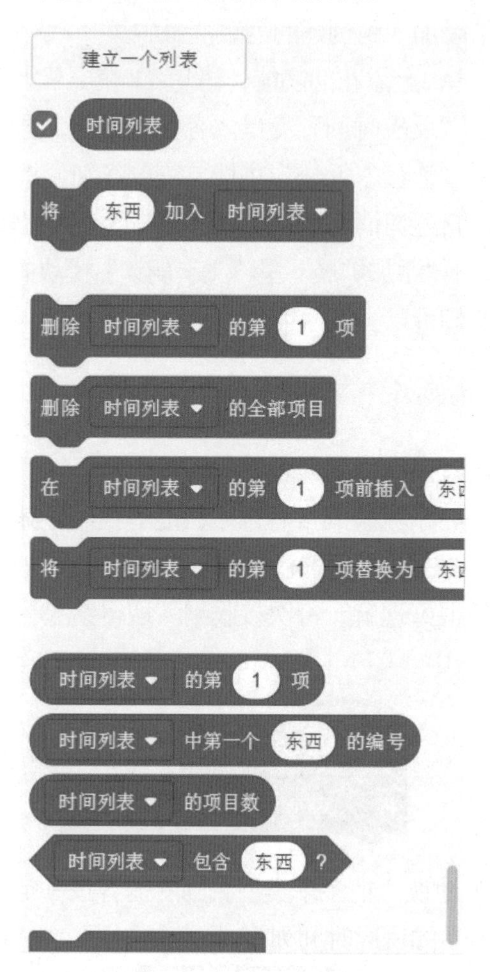

扩 展 阅 读

你肯定希望把多次测试的反应时间结果按顺序排列在列表中，这样你一眼就能看出来最快时间和最慢时间是多少，这才是列表的初衷。这就涉及计算机编程里最基础的排序问题。

我们最终版的代码，就是心形代码块的第 3 部分语句，如下图所示，它使用了一种简单的插入式排序方法。它的原理也不复杂，在把每个时间插入到列表中时，都把它插入到符合由小到大排序的恰当位置上即可。

具体如何判断哪个位置是合适的位置呢？就是每次都从前向后寻找，找到第一个比它大的值，然后插入到这个值的前面。

本书配套视频里，也有对这个排序算法的展开讲解。

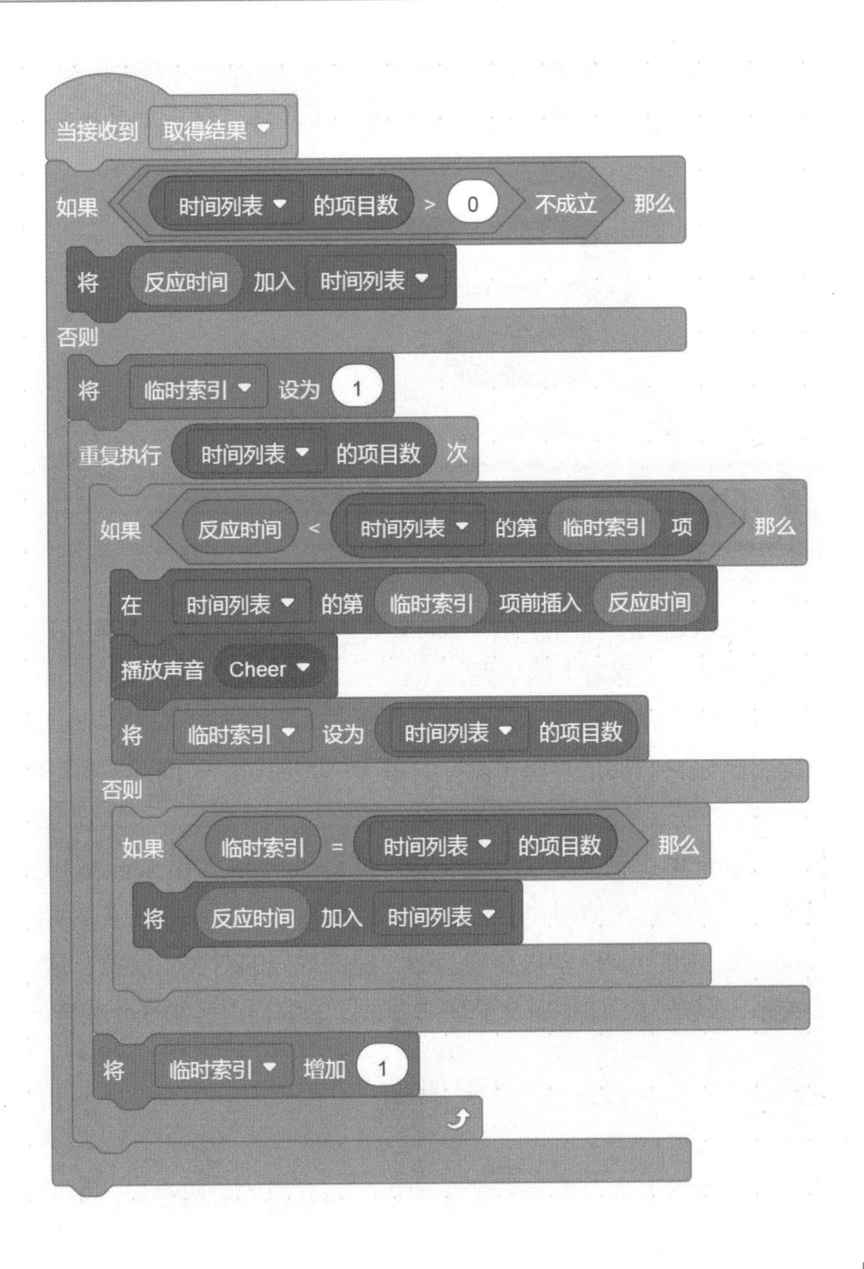

NOTICE 注意：变量使用千万要注意

在 Scratch 里需要使用到变量的地方，一定要把变量块拖动到指令块里，而不能手工填写，比如下图中，把“反应时间”的变量块拖出来，改成手工输入的“反应时间”，你猜会有什么效果？它的执行结果不是把“反应时间”这个变量所代表的数值添加到列表中，却是把“反应时间”这四个字添加到了列表中。

小朋友们一定要自己测试一下这个区别。没错，计算机编程就是要“咬文嚼字”，这种细节千万不能马虎，否则就会引起错误，而且这种错误一旦出现，很难后期去查找原因。

2.8 Python 语句对照

本书中，初次遇到一些典型的 Scratch 指令时，我们也会提供对应的 Python 对照语句，给小朋友一个感官上的认识。

Python 可谓如今应用最广泛的编程语言之一，而且 Python 语言和 Scratch 有很多类似之处，比如它们都是一句句执行的语言，有一句出了问题不会影响前面语句的执行。

另外，Python 中也有一个专门用于绘图的 turtle 模块，和 Scratch 中提供的角色一样，很容易供人学习和使用。实际上，它们之间相似的地方很多，所以本书我们就以 Python 语言中的 turtle 模块作为基础，提供代码的对照。注意，这种对照并非严格对应关系，只是为了让小朋友了解“真正”的编程语言到底什么样子。

更换造型的 Python 对应语句

首先，我们看看本章中更换造型语句中 Python 里的对应语句，如下图所示。

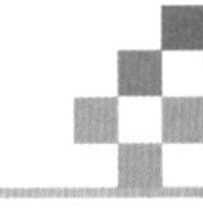

下面提供的 Python 语句，前面和后面两个代码块都是辅助性语句，只有中间的代码块才是真正做出“动作”的语句，在本书后面提供 Python 语言对应的部分，我们就不再显示这些辅助语句。

```
import turtle
wn = turtle.Screen()
t = turtle.Turtle()
```

```
t.shape("turtle")
```

```
wn.mainloop()
```

以上程序中，t 代表一个 turtle，通过 shape 函数切换绘图笔的外形，它可以选择的外形包括箭头、乌龟、圆形、方形、三角形等。

设置变量值的 Python 对应语句

下图所示是本章用到的设置变量的值的语句。

在 Python 中，是不能使用中文作为变量的，但我们假设可以用这个中文名，那么对应的 Python 语句应该是：

```
反应时间=0
```

取随机数的 Python 对应语句

比如本章有如下取随机数的代码块：

在 1.5 和 3 之间取随机数

Python 中有专门用于产生随机数的模块 random，这里可以使用函数 uniform:

```
random.uniform(1.5, 3)
```

本章内容里我们还指出过 Scratch 在取随机数时有无小数点的区别，因此，如下语句就是产生 1 和 5 之间的整数的随机数，包括 1 和 5。

对应的 Python 语句就要用 random 模块里的 randint 函数，代码如下。

```
random.randint(1, 5)
```

输出文字的 Python 对应语句

使用下图所示语句可在屏幕上输出反应时间，我们看到 Scratch 里连接很多字符串形成一个大字符串是比较麻烦的，但在真正的编程语言里会非常简单。

Turtle 模块也有专门的字符串输出函数 write，那么对应语句如下（同样假设可以有中文的变量）。可见，这里把多个字符串连接起来就简单很多了。

```
t.write("你用了"+str(反应时间)+"秒")
```

控制结构的 Python 对应语句

循环语句和 Python 对应语句如下。

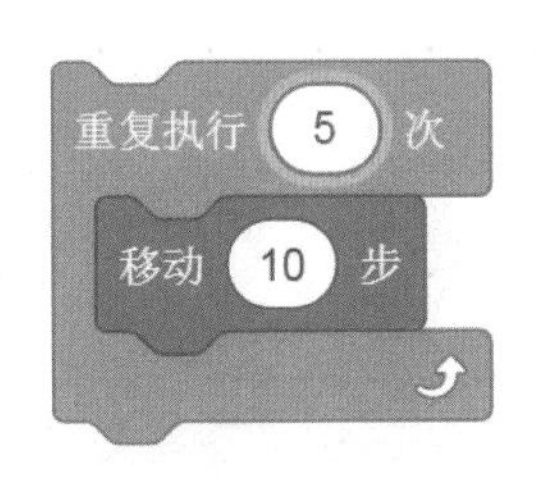


```
for i in range(5):
    turtle.forward(10)
```

条件判断和 Python 对应语句如下。列表也是 Python 中常用的类型，所以我们给出如下一个综合语句的对比。

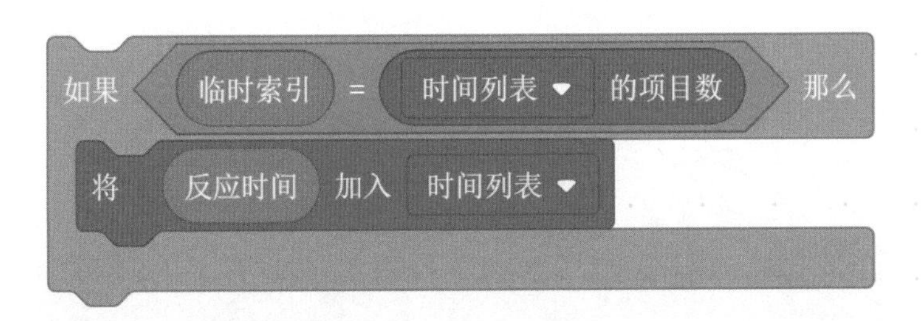


```
if 临时索引==len(时间列表):
    时间列表.append(反应时间)
```

2.9 重点回顾

这一章，我们制作了第一个正式作品，制作它的初级版非常简单，功能也都基本具备，之后的改进版涉及了几个 Scratch 高级编程技巧。希望小朋友们不要着急，除了最后这些排序代码外，如果其他部分都跟随本章内容操作一遍，你就已经成了一个高手候选人。

回顾一下，通过本章内容，你应该掌握以下技能。

1. 添加角色和舞台，在图像编辑器里做必要的绘图和改进。
2. 掌握角色造型的切换。
3. 建立变量，使用变量。
4. 通过广播和接收消息实现功能的控制。
5. 对列表变量有初步的认识。

猫捉老鼠

本章知识点

本章重点学习下面几个知识点。

1. 循环、条件判断等程序结构。

2. 用鼠标或键盘控制角色运动。

3. 碰撞检测，以及发生碰撞后的处理。

4. 角色的克隆技术。

上个游戏的最初版本只用 9 条指令就完成了。后面对作品改进时，我们又接触到了 **Scratch** 里不少高级技术。这就是这本书特有的安排，案例本身也由浅入深，先从一个简单的雏形开始，慢慢增加复杂的内容。

本章也是如此，我们要制作一个猫捉老鼠小游戏，最初的版本也只有很少的代码，但之后我们会对它的不同方面进行完善，甚至实现多只大小和速度都不同的猫共同捉老鼠。

3.1 任务和规划

Ch3-1
初级版猫捉老鼠

任务

先给出初级版猫捉老鼠小游戏的任务，我们用鼠标控制一只小老鼠，躲避小猫的追捕，看看我们能坚持多长时间，游戏界面如下图所示。

规划

引入一个老鼠角色，用鼠标控制它的运动，另外，要让小猫始终向老鼠的方向运动，猫捉到老鼠游戏就结束。

3.2 利用循环控制老鼠运动

我们先做些简单的准备工作。比如选择一个简单的舞台背景造型，然后在代码

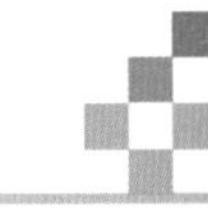

块里强制规定使用它，如下图所示。

舞台代码

NOTICE 注意：尽量用代码控制角色或舞台的状态

对于舞台来说，最重要的一个状态就是使用什么背景。如果舞台有多个背景，最好在代码里规定清楚什么时候使用什么背景。如果只是在舞台控制区或舞台的背景页里选择了某个背景，程序每次运行时使用的背景可能会不一样。

下面我们添加一个老鼠的角色，在 Scratch 自带的角色里面就能找到这样的角色。下图给出了用鼠标控制老鼠的代码块，是不是远比你想象的要简单？不需要解释的指令没有编号，这里只剩下 4 句指令块需要解释。

老鼠的代码

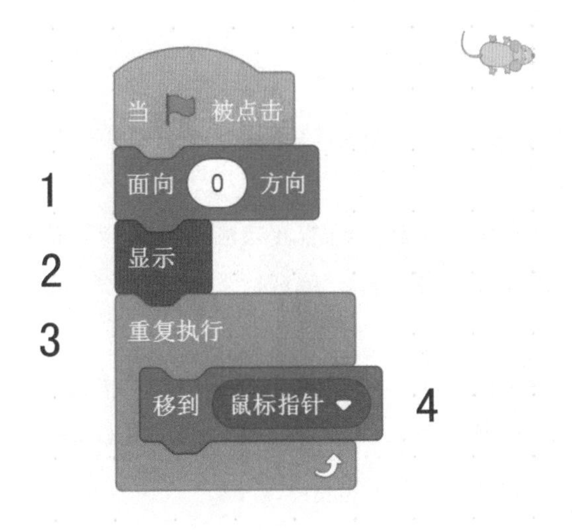

代码解释

语句 1 和语句 2 其实都是锦上添花的语句。

语句 1 让老鼠的头向上，看起来比默认的头向右侧让人感觉舒服一些。当然，借此语句，我们希望小朋友明白舞台的方向设置。简单地说，上为 0 度，右为 90 度，下为 180 度，左为 270 度（更常使用-90 度表示）。下图提供了在角色区域改变角色角度时的效果，注意箭头指向和红框里角度值的关系。

下图绿色框里有三个图标，选择它们也会影响角色的旋转状态。第一个图标表示普通的旋转，就是现在的箭头指向模式；第三个是完全不旋转，选择这个模式后，不论你怎样改变它的旋转角度，角色都不会旋转；中间一个只会左右旋转，就是说指向只有向左和向右两种模式。

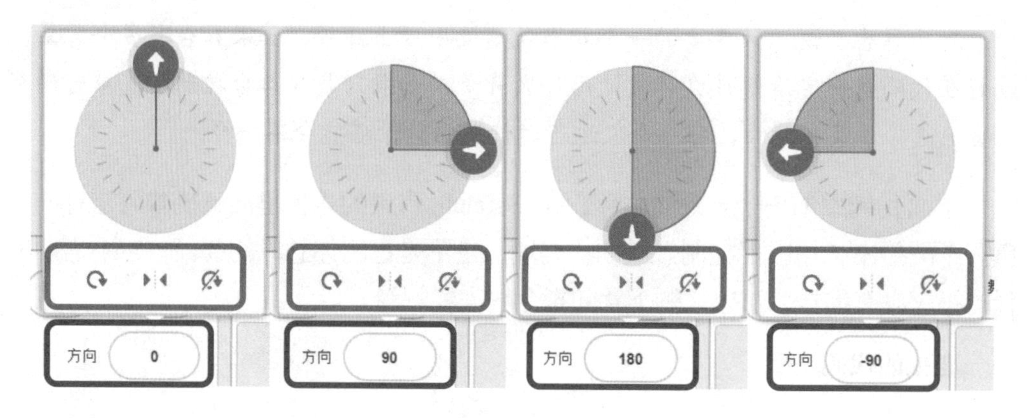

NOTICE 注意：角色状态到底该在哪里控制？

我们多次说过，角色控制区域里的参数只应该作为“测试角色的效果”来使用，因此所有上面这些旋转设置，在实际“编程时”都要在代码区域里，通过指令块来明确指示。

小朋友们要理解其中的区别，那就是你不可能每次程序运行前都在角色控制的区域里提前设定角色的各种状态，所以要通过代码设置，每次执行的时候让它们都处于正确状态。

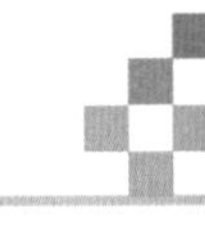

TIPS 技巧：综合运用旋转角度和旋转模式

如果你希望角色能面向特定方向移动，却不希望它在屏幕上发生旋转，就可以综合使用“面向”和“旋转模式”指令块，如下图这样。之后你就可以灵活地使用“移动”指令块，让它沿着特定方向移动了。

你不妨也在完成初级版的猫捉老鼠游戏后，把老鼠的代码改成下面这样，测试一下现在的效果有什么不同。

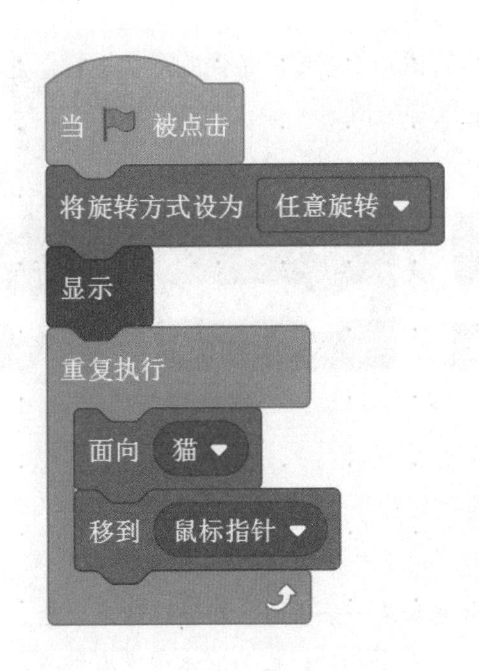

语句 2 也是一个强制规定角色显示出来的辅助语句，在角色控制区域里也有让角色显示或隐藏的图标，如下图红框里所示。但建议你在代码区域里用指令去控制

这些状态，这样才能保证效果的一致性。

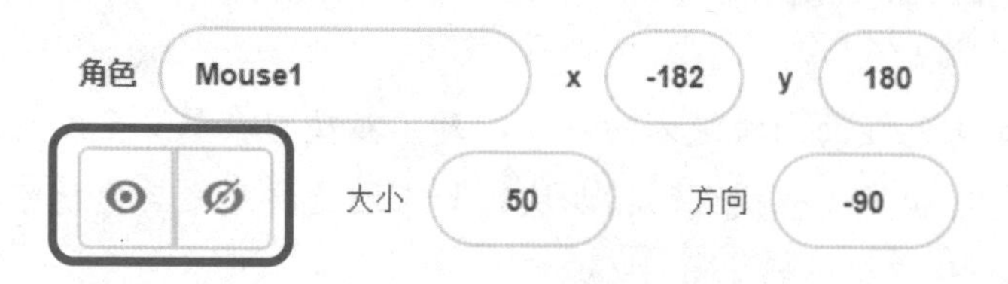

语句 3 是我们重点要讲的循环语句，它是本章的重点，也是本书的重点，是小朋友学习编程最重要的知识点之一。

计算机的优势就是它能不厌其烦地执行指令，但人却不能不厌其烦地发送指令，所以我们希望有些指令能够被重复执行，这就要使用循环。

在 Scratch 里，循环语句都属于“控制”指令类别，重复执行“肚子”里包含的代码块。针对不同的需要，包括下图所示的三个语句。

第 1 个语句表示重复多少次，当然这里的次数不一定是你预先确定的，可能是程序计算出来的。

第 2 个语句最简单，一直重复执行。

语句 3 和语句 1 的区别是，它一直重复循环，直到所添的真假值条件为真时才停止重复。从两个重复执行语句所需要的条件的形状上看，它们的区别和上一章提到的两个“等待”语句的区别类似。

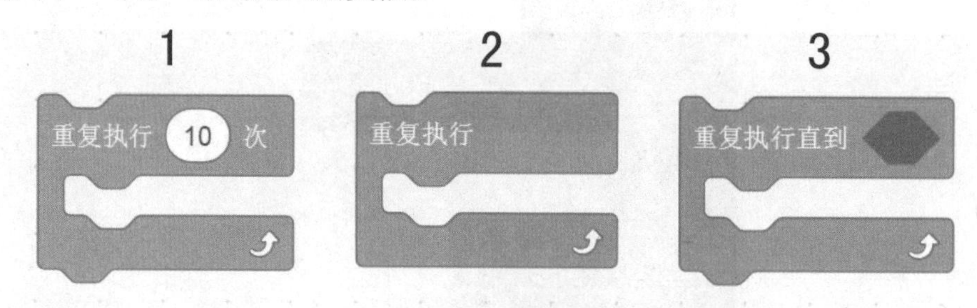

NOTICE 注意：指令块的不同形状

一般来说，重复语句也只是一条语句，在循环结束之后，程序还要继续执行后面的语句。但上图的语句 2 是个例外，因为它永远没有结束的时候（当然你可以通过单击“红灯”强制程序停止），所以注意看上图中的 2，它的下侧线条没有凸起，也就意味着后面不能再连接其他指令块了。

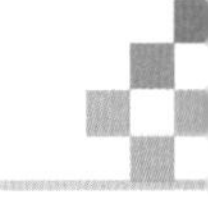

继续看老鼠代码的最后一个语句 4，它就是被循环语句包在“肚子”里的语句，会被一直重复执行，没有停止的时候。这条语句要做什么呢？就是把角色移动到鼠标指针的位置，因此，鼠标移动到哪里，老鼠就到哪里，实际上就是用鼠标控制了老鼠的运动。

好了，小朋友们赶快去试一试吧。

3.3 如何让猫捉老鼠

现在小朋友们迫不及待要让猫去抓老鼠了吧？很简单，只需要在小猫这个角色的代码区里搭建下面的指令块，就可以实现一个初级版的猫抓老鼠游戏了。

猫角色的代码

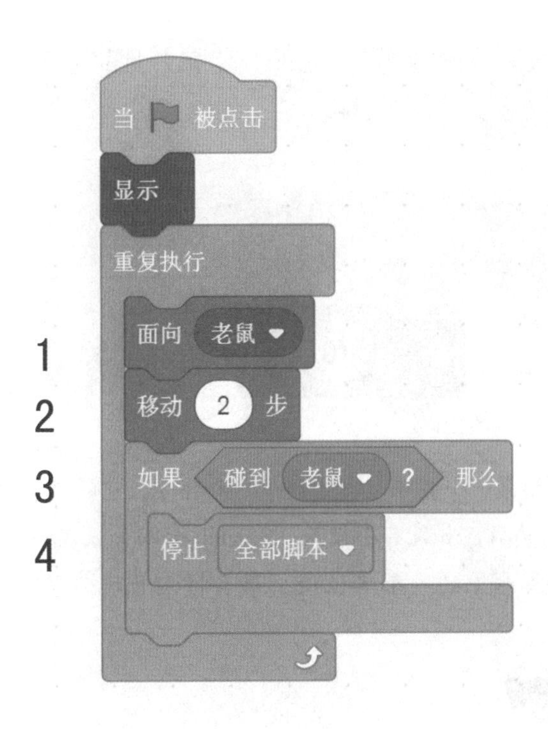

向老鼠靠近

前面几个语句我们不再解释，直接讲解上图中重复语句肚子里的语句 1，它也是来自“运动”类的指令，让小猫把前进的方向指向老鼠。当然，你可能需要单击这个指令里面的下箭头来选择“老鼠”这个角色，如下图所示。注意“鼠标指针”是 Scratch 本身就有的内容，而“老鼠”是我们给角色起的名字。

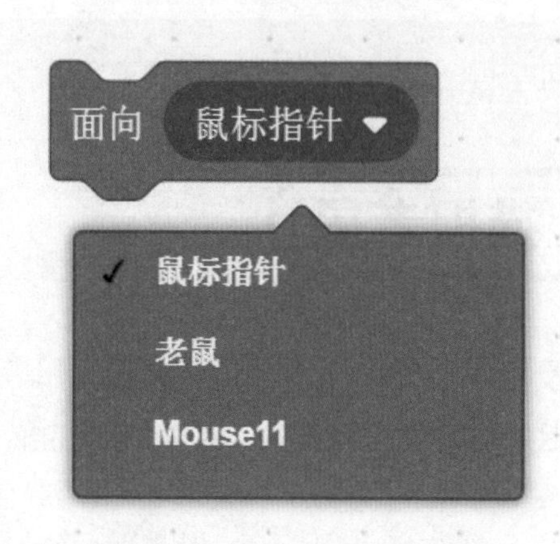

语句 1 和语句 2 结合起来的效果就是，猫面向老鼠并且前进 2 步，不论目前老鼠处于什么位置，小猫都一直在“抓”老鼠。

NOTICE 注意：移动 1 步到底是多大？

移动指令是 Scratch 里的第一个指令，也是最基本的指令，它的“参数”就是要给出移动的步数，步数一般要用整数，如果有小数点，Scratch 会四舍五入来显示移动步数。

移动的步数，对应着舞台上的一个单位值。舞台横向长度为 480 个单位，纵向高度为 360 个单位。

扩 展 阅 读
关于带有小数点的步数的更深入研究，可以参考本书配套的相关视频。

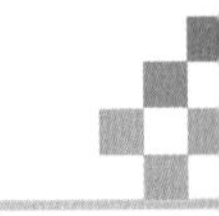

碰撞检测

语句 3 判断小猫是不是“抓到”了老鼠，这是本书另一个重点：条件判断语句。它由下图的两部分组成，即条件判断执行语句和要判断的内容。

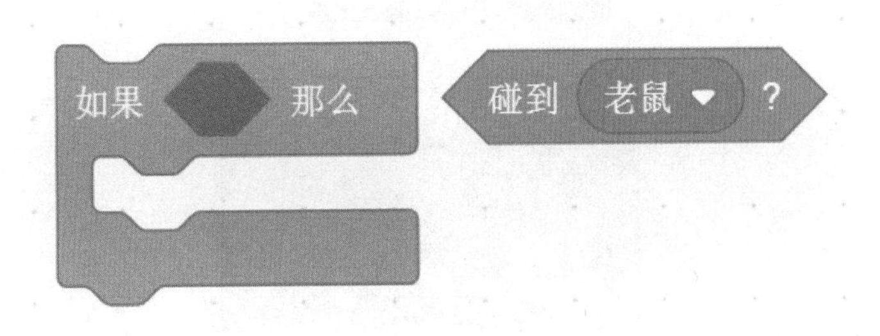

我们先看下面这个条件判断语句，它先判断“如果”后面的条件是否满足（也就是说，条件代码块的值是否等于 1），如果满足，就执行“肚子”里的指令块，如果不满足，就略过“肚子”里的内容执行后面的指令。

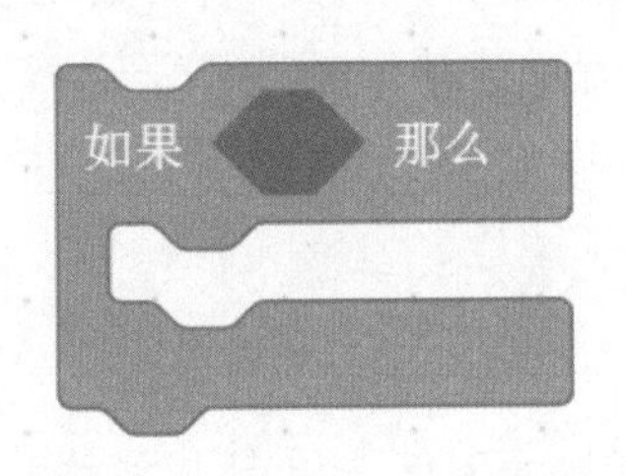

Scratch 里还有另一个条件判断执行语句，如下图所示，它除了上面语句的功能外，在条件不满足时还会去执行“否则”的“肚子”里的代码块。这些指令块的更多用法，我们在后面的章节还会再讲解。

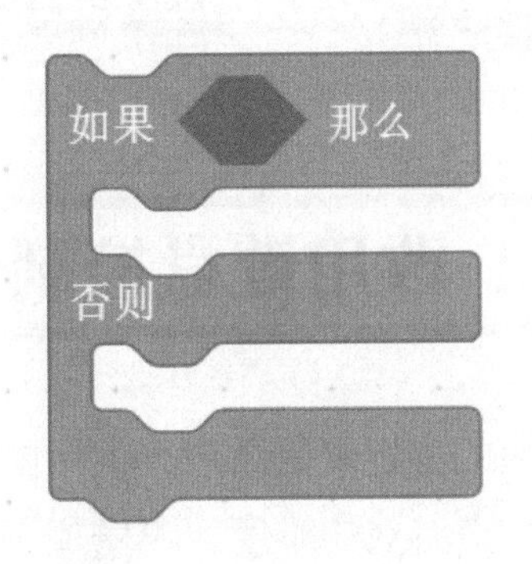

再来看看前面用到的条件，如下图所示，它来自“侦测”指令类别。这类指令要“判断”某些事件是否发生，所以它们的返回值大多属于“真假”类型。注意看，指令块的形状是左右两侧为尖角的矩形块，也说明它们的返回值为“真假”类型。

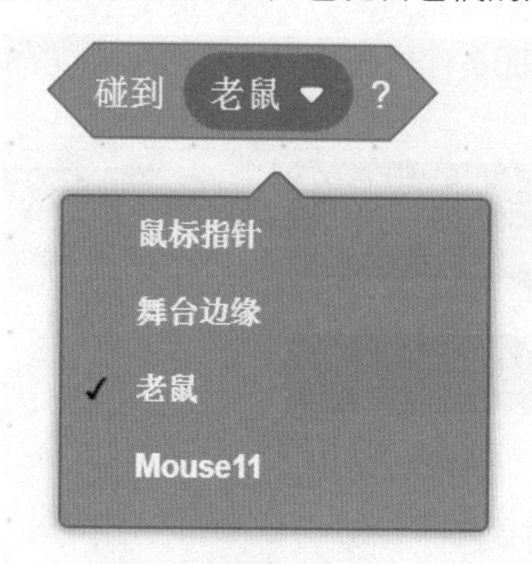

同样，应用上面这个指令时，也要通过向下的箭头选中“老鼠”这个角色，小猫一旦碰到老鼠，这个条件就满足了，就会执行条件判断指令的“肚子”里的指令了。而“肚子”里的语句 4，就是让整个游戏停止运行。

HOMEWORK 作业：

在条件判断的代码块里增加如下这条语句，试试看，它是不是不能放在语句 4 的后面？这是为什么呢？

3.4 升级版一：改用键盘控制老鼠

上面已经完成了一个简单的猫捉老鼠游戏，但用鼠标控制“老鼠”的运动好像有点太简单了，现在我们增加点游戏的难度，也增加点编程方面的难度：用键盘上的方向键来控制老鼠的运动。这部分代码稍微有点多，但难度并不大。

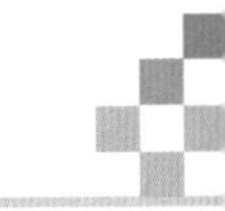

老鼠角色的代码

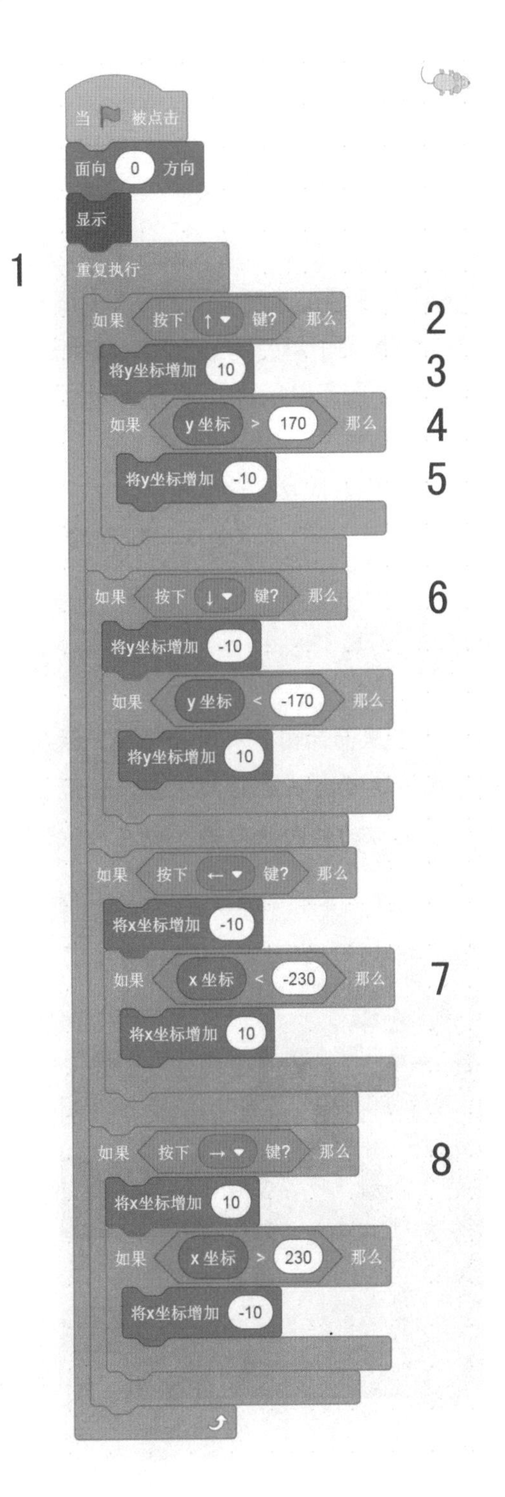
当 被点击
面向 0 方向
显示
1
重复执行
如果 按下 ↑ 键? 那么
2
将y坐标增加 10
3
如果 y坐标 > 170 那么
4
将y坐标增加 -10
5
如果 按下 ↓ 键? 那么
6
将y坐标增加 -10
如果 y坐标 < -170 那么
将y坐标增加 10
如果 按下 ← 键? 那么
将x坐标增加 -10
如果 x坐标 < -230 那么
7
将x坐标增加 10
如果 按下 → 键? 那么
8
将x坐标增加 10
如果 x坐标 > 230 那么
将x坐标增加 -10

代码解释

语句 1 是一个最外侧的循环语句，直到代码结束。

语句 2 判断是否按下了键盘的上箭头键，如果按下了就执行“肚子”里的语句，如果没有按下就继续下面的语句。

如果语句 2 条件满足，说明键盘的上箭头被按下，这时我们希望舞台上的老鼠向上运动，它“肚子”里的语句 3 通过改变老鼠的 y 坐标，让老鼠向上移动了 10 步。语句 4 和 5 判断老鼠是不是已经到了舞台的最上侧，如果是就反向运动 10 步（抵消刚刚向上的移动，综合效果就是让老鼠保持原地不动了），避免老鼠跑到舞台的外面。

再后面的语句 6、7、8 分别对应按下键盘的下、左、右方向键时的处理，基本和语句 2“肚子”里的处理类似，但要注意条件判断和移动的方向不要弄错。

HOMEWORK 作业：

下面的语句和上面语句 2 里面的内容有什么不同？没错，增加了一个控制转向的语句，让小老鼠可以在向下运动时头也转向下方。你能在其他的向上、向左、向右的条件判断语句内都增加类似的转向语句吗？现在再试试，小老鼠的运动是不是更加自然了？

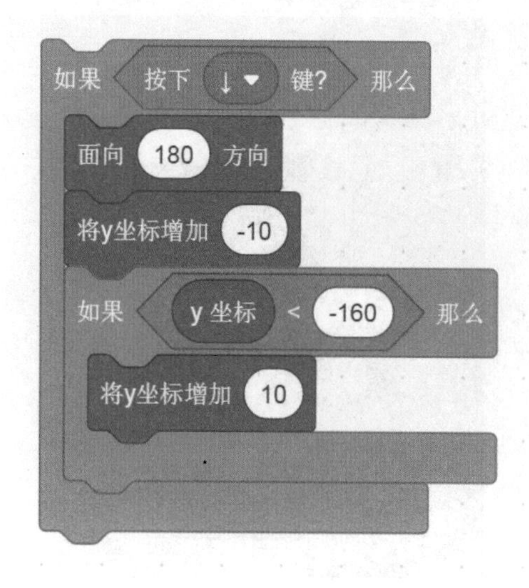

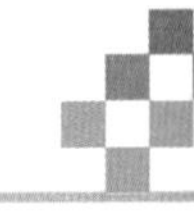

NOTICE 注意：什么时候角色面对的方向会影响到它的运动？

上图中的转向语句并没有影响到小老鼠的运动，因为它后面的运动语句可以直接改变坐标的值；回想一下用鼠标控制的时候，如果用“移动××步”的语句，它的运动就和面向的方向有关。你一定要理解其中的区别。

避免小猫的脑袋向下

你有没有发现，小猫向左运动时脑袋是朝下的，怎么办？

一种简单的方法，就是把小猫的旋转方式设置为只左右旋转。我们可以在小猫的角色控制区域单击方向后面的数值，在弹出来的界面里选择下图中红色框里中间的图标，这时，小猫或者面向左边或者面向右边，不会出现脑袋朝下的情况。

前面我们讲过，不推荐使用上面这种方法，而是最好通过指令来实现，如下图所示，你需要把它放置在程序刚一运行的位置上（“当绿旗被点击”指令块的后面）。

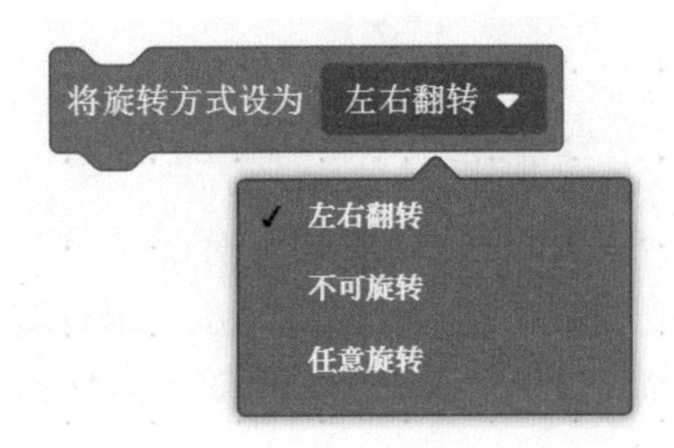

TIPS 技巧：精确的小猫方向控制

如果希望精确控制小猫面对的方向，你可以利用一些数学方面的计算去设定。我这里就提供一个小技巧，那就是让这个角色有下图所示的两个造型，然后配上它下面代码就可以了。有兴趣的小朋友可以试一试。

3.5 升级版二：利用克隆，生成多只猫

现在的游戏基本可以运行了，但如果我们想在舞台上出现多只猫来提高游戏难度的话，该怎样改进呢？

好吧，我们要使用 Scratch 里对小朋友来说有点难度的技术——克隆。克隆就是复制。现在我们只有一个小猫角色，但通过复制，可以让舞台上出现任意多只小猫，每只小猫都执行同样的代码区指令。小猫现在的代码如下图。

Ch3-2
高级版猫捉
老鼠

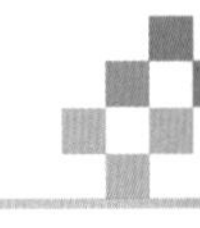

小猫角色代码

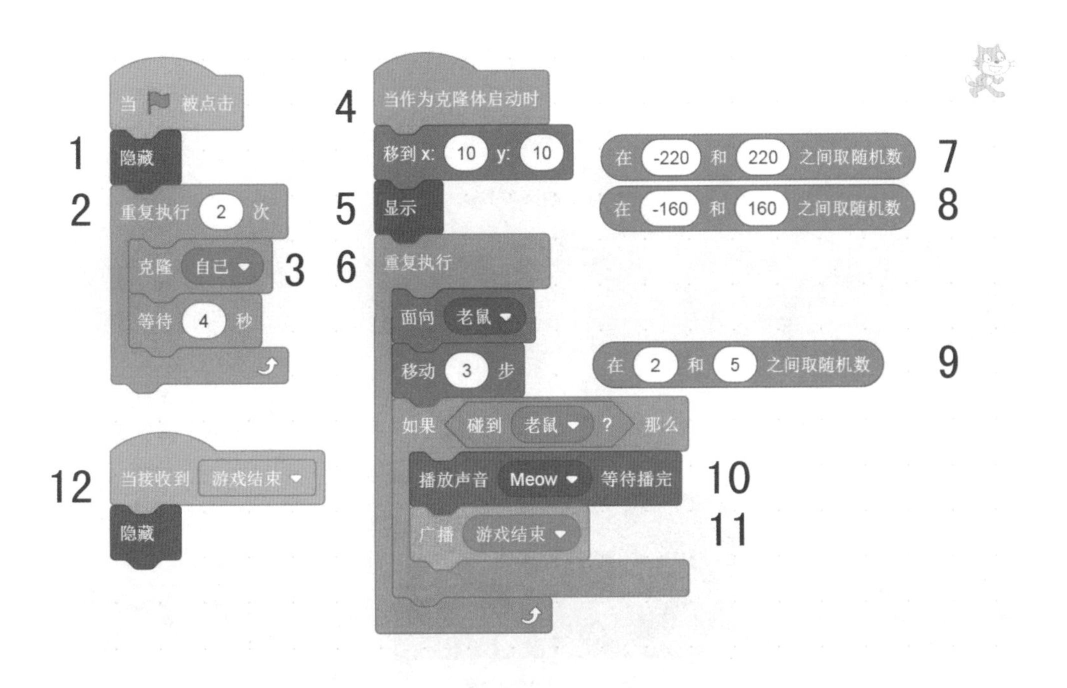

以上代码的解释

程序开始运行后，现在这只小猫的工作就是复制其他小猫了，自己不需要在舞台上出现。所以，语句 1 先把自己隐藏起来，语句 2 开始循环语句，“肚子”里的代码就是每隔 4 秒克隆一只小猫出来。

小猫一旦被克隆出来，就开始执行语句 4 以及它下面的语句。注意，这又是一个新的可以作为“程序入口”的指令块。这只被复制的小猫首先移动到某个位置，语句 5 强制它显示出来；对于语句 6 的循环语句，它“肚子”里面的代码和之前单只小猫版本的小猫代码相同，只是在碰到“老鼠”后，加入了一个播放声音的语句 10，并且要等待声音播完之后，语句 11 不是直接停止所有脚本，而是广播了一个“游戏结束”的消息。

广播这个消息的目的，是在游戏有多个角色的时候，让所有角色都知道游戏停止了，各自采取应该做的措施。比如上图代码中，所有被复制的小猫通过语句 12 接收到消息后，就全部隐藏了。

如果你想在游戏结束时，让舞台显示出“游戏结束”的文字，可以增加一个下图所示的背景，并在舞台的代码区增加下图所示的代码块。

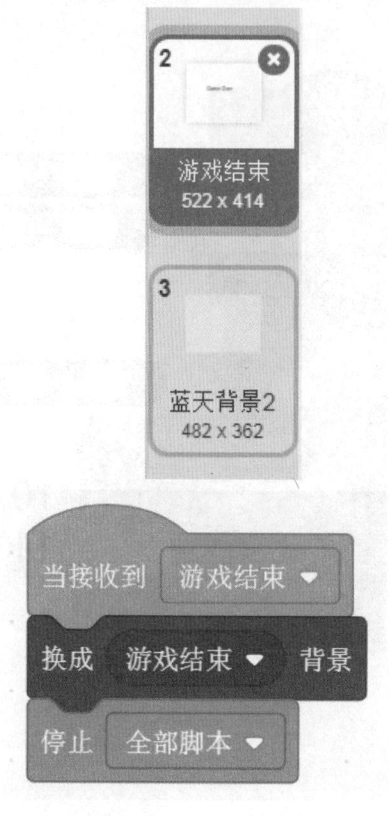

你有没有注意到，前面小猫角色的代码块中，还有语句 7、8、9？它们可以分别嵌入到左侧语句的长圆空间里，取代之前的数字常量，比如下图所示，这会让每只被克隆的小猫出现在某个随机位置。

移动步数取随机值，目的也类似，这样是好让小猫每次移动的步数有快慢不同，但这样做效果并不理想。理想的方案是，让每只小猫之间移动速度有所不同，有快有慢。可是，我们的小猫都是复制出来的，而且我们说过，它们都执行相同的代码，那它们能有各自不同的速度吗？答案是：能。

让克隆角色有不同表现

这部分内容，对学习编程不久的小朋友来说，理解起来会有些难度，你也可以

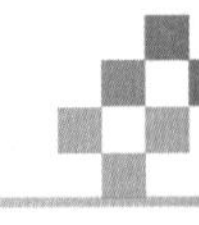

暂且略过这部分内容，等掌握了后面章节的内容后再回来研究。

不同的“克隆小猫”需要有不同的表现，比如，我希望有些小猫走得快、有些小猫走得慢，这样可玩性就更好。

解决方法就是给小猫角色设置“仅适用于当前角色”的变量，即选中下图红色框里的选项，这样克隆出来的每只小猫，虽然执行的代码都一样，但它们产生之初就设置了自己的一套变量值，比如移动速度、个头的大小等。

然后，将克隆小猫的代码修改成下图所示，可以看到，每次克隆小猫之前，要为代表速度和大小的变量设定不同的取值。

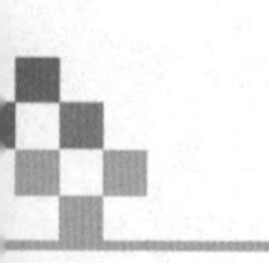

当不同的克隆小猫有了不同的大小、速度后，游戏就更有意思了，如下图所示。你甚至可以设置它们有不同的造型、颜色等。

当然，这确实是一个不那么好理解的问题，或者说，这是 Scratch 里最难的一个技术点，但这却有些“面向对象”编程的思想在其中了。

3.6 重点回顾

在这一章，我们制作的游戏让角色动了起来，从编程技术上，本章下面几个知识点是编程的基础，小朋友一定要掌握：

1. 循环语句的使用。
2. 条件判断语句的使用。

除此之外，还有一些 Scratch 本身的特有技术，包括：

1. 用鼠标、键盘控制角色的运动。
2. 角色的碰撞检测和处理。
3. 克隆技术的使用。

飞机大战

本章知识点

本章的主要知识点包括：

1．强化对循环、条件判断等语句的理解和使用。

2．尝试自己绘制角色造型。

3．对角色比较多的作品，学习如何先做好规划，再一步步实现细节。

飞机大战通常被认为是比较复杂的游戏，但通过前面两个案例，我们已经学会了 Scratch 里几乎所有的重要技术，技术上已经不存在障碍。只不过飞机大战游戏涉及的角色比较多，相互之间的“逻辑”关系更复杂，对刚尝试编程的小朋友来说，工程量上的确会稍有难度。

简化难度的关键是提前做好角色、功能、相互关系的设计，从每个角色、每个功能开始制作，慢慢把整个系统搭建起来。

对小朋友来说，做出飞机大战这样的游戏一定是非常有成就感的，那我们就开始本章的任务吧。

4.1 任务和规划

Ch4
飞机大战

任务

我们飞机大战游戏的界面如下图所示，用户通过鼠标的方向键控制白色的飞机，躲闪红色的敌机和它们发射的红色子弹，同时白色飞机会不间断地自动发射子弹来击落敌机和子弹。

屏幕的最上面显示着相关的信息：剩余生命的数量表明你还可以经受几次敌人攻击就会游戏结束；炸弹数量表明你还有多少炸弹可以投放，投放炸弹时可以瞬间清除屏幕上所有的敌机和敌方子弹，这是一种应急措施；右上角记录着击毁的敌机总数。

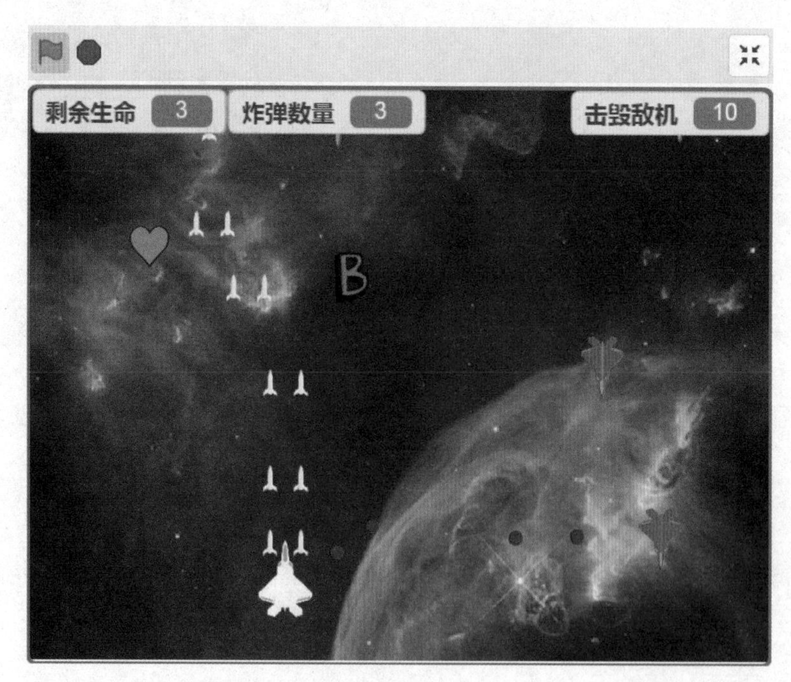

规划

现在我们针对每个角色，列出它们各自要考虑的功能。

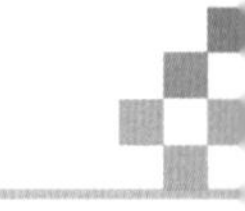

1 自己的飞机：通过键盘控制运动，不间断地发射子弹，还能释放炸弹，通过变量记录剩余生命值、剩余炸弹数量、击毁敌机数量等。

2 己方子弹：控制它的发射频率，碰到敌机和敌方子弹时会消灭敌机，但自己也会损耗。

3 敌机：控制它的出现规律、出现位置、发射子弹的频率，以及碰到己方飞机时如何处理。

4 敌机子弹：控制初始位置、飞行速度、飞行方向等。

5 补充生命的心形、补充炸弹的字母 B：控制它们出现的规律、出现位置、运动速度。

经过这样的功能分析和拆解后，就可以一步一步去实现它们各自的功能了。

4.2 添加和绘制角色

Scratch 里没有现成的飞机造型可用，你需要从我们的代码案例中下载这些角色造型。当然，你也可以在网络上搜索一些好看的飞机照片，然后通过下图所示红框里的菜单项，把它们上传到你的 Scratch 编辑器里。

飞机造型

需要添加的造型包括我方飞机和敌方飞机、我方子弹和敌方子弹。如果你暂时不能下载本书提供的造型，可以暂时用 Scratch 里提供的某些造型来替代。

敌方飞机和我方飞机可以使用同样的造型，在造型页的图像编辑器里，选中飞机后很容易通过填充不同的颜色来区分出我方飞机和敌方飞机，如下图所示。

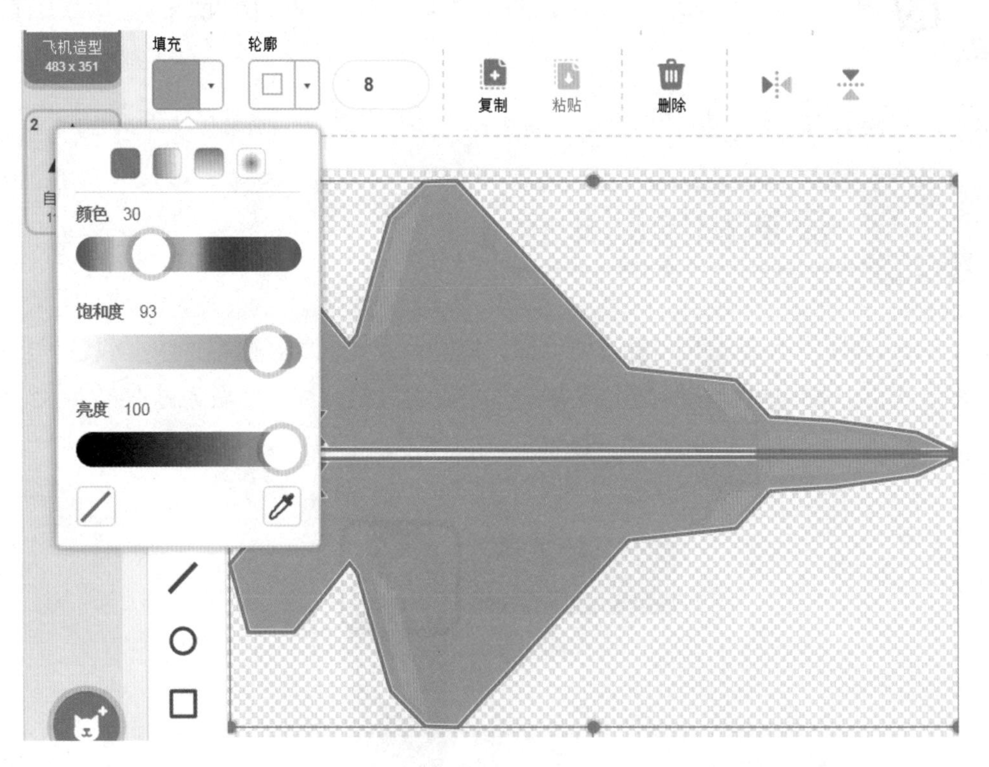

子弹造型

子弹的造型就是在图像编辑器里绘制的一个红色圆形，如下图所示。你可以绘制另一个颜色的圆形（比如白色或者黄色）作为己方子弹的造型，在我们的样例中己方子弹使用了类似导弹的造型。

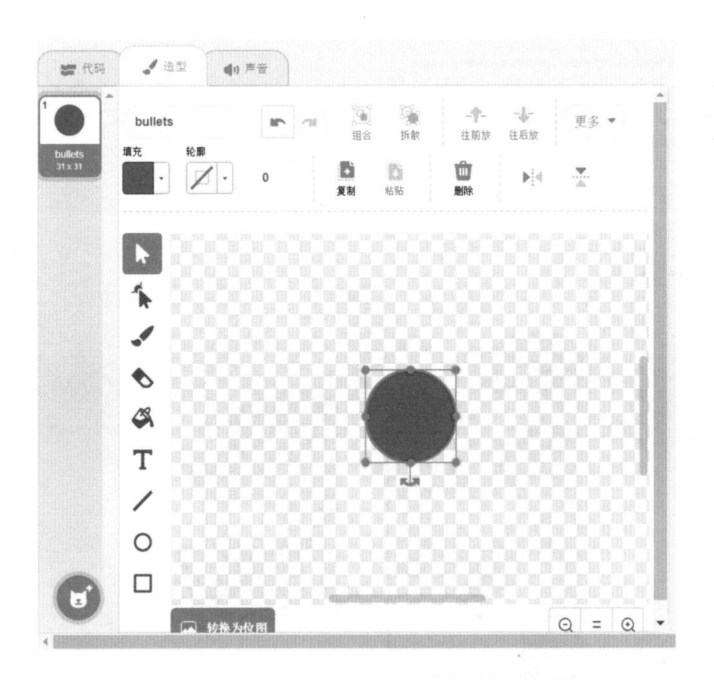

加命和炸弹造型

我们使用了 Scratch 里已有的心形作为增加一次生命值的角色造型，使用字母 B 作为炸弹造型。至此，你的角色区域里应该有如下图所示的角色，你也可以按照下图设置角色各自的名称。

TIPS 技巧：绘制正圆和正方形

单击绘制椭圆或者矩形时，如果一直按着键盘上的〈Shift〉键，就能绘制出正圆形或者正方形；在 iOS 系统下同样也可以使用这个〈Shift〉键。

下面我们开始讲解各角色的代码。

4.3 己方飞机代码

己方飞机的代码块看起来好像有点多，但其实并不复杂。

己方飞机代码

```
当 ⚑ 被点击                          1
隐藏                                 ┐
将大小设为 10                         │
移到 x: 0 y: -120                    │ 1.1
换成 飞机造型 ▾ 造型                   │
面向 0 方向                           │
显示                                 ┘
重复执行
    如果 <按下 ↑ ▾ 键?> 那么            ┐
        将y坐标增加 12                  │
    如果 <按下 ↓ ▾ 键?> 那么            │
        将y坐标增加 -12                 │ 1.2
    如果 <按下 ← ▾ 键?> 那么            │
        将x坐标增加 -12                 │
    如果 <按下 → ▾ 键?> 那么            │
        将x坐标增加 12                  ┘
    如果 <按下 空格 ▾ 键?> 那么         1.3
        等待 0.2 秒                    1.4
        如果 <(炸弹数量) > 0> 那么      1.5
            将 炸弹数量 ▾ 增加 -1       1.6
            广播 释放炸弹 ▾             1.7

当 ⚑ 被点击                          2
重复执行                              2.1
    等待 0.15 秒
    克隆 我方子弹 ▾                    2.2
```

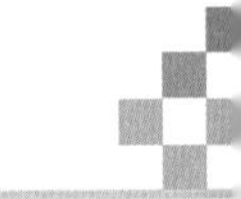

代码解释

这些代码被分成了两大部分，它们都是以单击绿色旗子的指令块开始的，说明程序开始运行后，这两部分的代码都开始运行（并行运行）。

先看代码1这一大块代码，仔细观察可以发现，1.1部分的这些代码块都是在设置角色的大小、方向等，1.2部分的代码块是我们前面学过的通过键盘控制角色运动的代码。

语句1.3是个判断语句，它“肚子”里面的1.4～1.7语句用于判断一旦按下了空格键，就释放炸弹。其中，1.4语句给出一些时间缓冲，模拟真实的滞后效果；1.5语句判断现在还有没有炸弹可用；如果有炸弹可用，1.6语句就把炸弹数量减去1，并通过1.7语句广播“释放炸弹”的消息。

对“释放炸弹”消息的响应，我们稍后会在其他角色的代码里看到，这里不妨先猜测一下。它的效果是让所有敌机和敌方子弹都消失，消息响应代码也应该在这两个角色的代码区域里出现。

代码2部分是飞机发射子弹的代码块，飞机一出现就不停发射子弹，所以可以用单独的代码块来实现，这样会更清晰。我们看到，这里通过2.2克隆语句不断复制出新的“子弹”，至于被复制出的子弹要如何运动，会在己方子弹的代码区域里描述。

4.4 敌方飞机代码

敌方飞机代码要设置敌方飞机在什么时候、什么位置出现，并且也要发射子弹。

敌方飞机代码

它的代码块分成4个部分，我们分别解释。

如下图所示的第1部分代码，它的主要作用是在游戏最初复制5架敌方飞机出来。

语句1.1语句需要把自己隐藏起来，因为未来在屏幕上动作的是被复制出来的5架飞机，而不是这个“飞机工厂”。

语句1.2是通过变量记录飞机数量，如果不是其他问题的需要，这里其实是可以省略语句1.2和1.6的。

语句1.3重复5次复制飞机的过程，其中“肚子”里的语句1.4进行复制，语句1.5让复制过程有随机时间间隔。

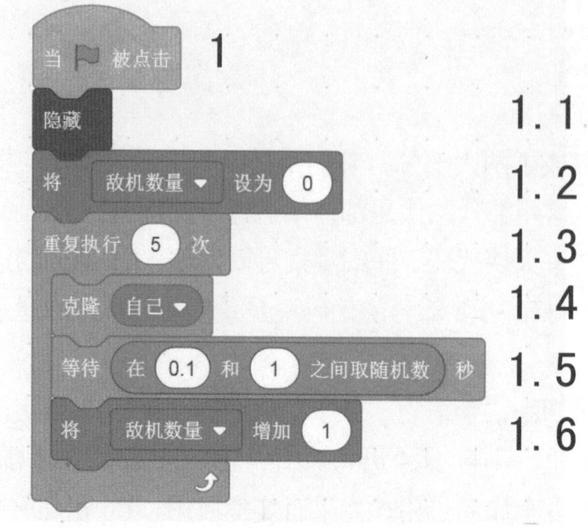

```
当 [绿旗] 被点击                          1
隐藏                                      1.1
将 [敌机数量] 设为 (0)                    1.2
重复执行 (5) 次                           1.3
    克隆 (自己)                           1.4
    等待 (在 (0.1) 和 (1) 之间取随机数) 秒  1.5
    将 [敌机数量] 增加 (1)                1.6
```

下面看下图所示的第 2 部分语句，它告诉被复制出的新飞机如何发射子弹。

2.1 语句进入循环后，先执行 2.2 语句的等待 1 秒，是为了让飞机能飞进屏幕再发射子弹。

2.3 和 2.4 语句记录下了此刻的飞机位置，之后再通过 2.5 语句广播发射子弹的消息，这样子弹就能够从飞机的当前位置发射了。

让克隆体有不同的参数值，这在前面一章是提到过的，这里再次用到这个有些难度的技术。这里先通过 2.3 和 2.4 语句记录不同变量值，在子弹未来被克隆时就会有自己独特的变量，表现出来就是动作有所不同。如果你不是很理解，可以现在就跳到后面 4.6 节“敌方子弹代码”的部分，结合那里的代码和解释来理解。

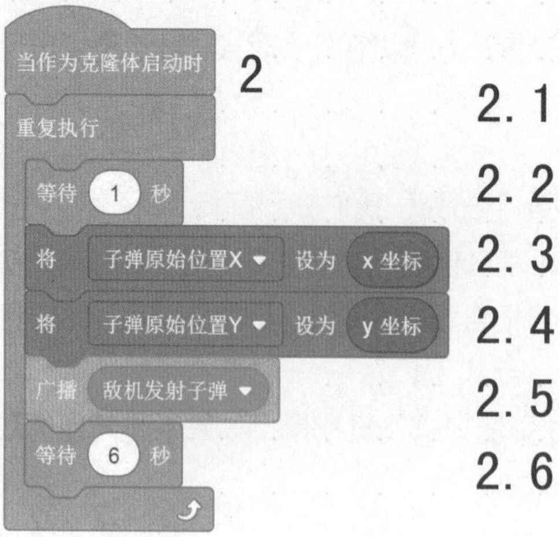

```
当作为克隆体启动时                        2
重复执行                                  2.1
    等待 (1) 秒                           2.2
    将 [子弹原始位置X] 设为 (x 坐标)      2.3
    将 [子弹原始位置Y] 设为 (y 坐标)      2.4
    广播 (敌机发射子弹)                   2.5
    等待 (6) 秒                           2.6
```

语句块 3 如下图所示，它用于处理当接收到我方飞机“释放炸弹”的消息后该

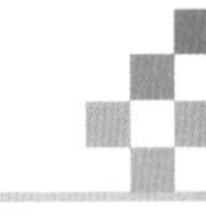

如何动作。

按照我们的设计，我方投放炸弹时，所有的飞机都会被消灭。因此，语句 3.1 把敌机的数量直接设置为 0。（其实，这里使用“将敌机数量增加-1”是更合理的，大家可以理解一下逻辑上的区别）。

语句 3.2 增加击毁敌机的数量，然后语句 3.3 要保证屏幕上仍然会出现 5 架敌方飞机，所以在这架敌机被击毁后还要再生产出一架敌机，所以广播一个“产生新敌机”的消息。

最后，所有“临终前的安排”都处理完成后，这架敌机就被语句 3.4 删除了，在游戏里就是被炸弹炸毁了。

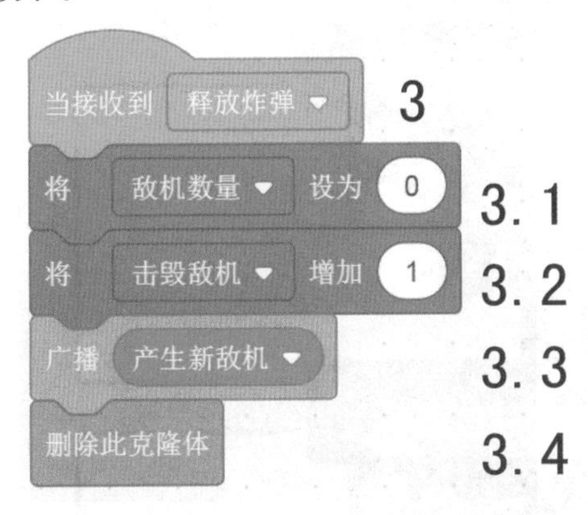

第 4 部分代码块如下图所示，它的主要任务是让飞机按一定速度向下飞行，并判断是否有碰撞。

4.1 部分的语句用来设置敌方飞机的大小和方向后，让它从随机位置出现。

4.2 进入大的循环结构。里面的 4.3 用等待语句控制移动的速度，语句 4.4 让飞机向下移动一定距离，注意这里有一个“敌机速度”的变量，未来如果你想让游戏的难度越来越大，可以逐渐提高这个变量的值。

语句 4.5 是当敌方飞机被我方子弹击中时的处理，语句 4.6 是敌方飞机和我方飞机相撞时的处理，它们的处理基本类似，在改变相关变量的值和广播“产生新敌机”的消息后，把自己删除。注意 4.6.1 加入了判断己方飞机生命值的语句，如果生命值小于零就发送“游戏结束”的消息。

语句 4.7 是位于整个循环结构之后的语句，执行到这里说明已经不满足循环语句 4.2 的条件了，也就是飞机的 y 坐标已经小于-180 了，在舞台上的表现是飞机已经飞到屏幕下侧边缘了，那么就先通过语句 4.7 彻底把它的坐标移动到屏幕外，由之后的 3 个语句做好善后处理后销毁这个飞机。

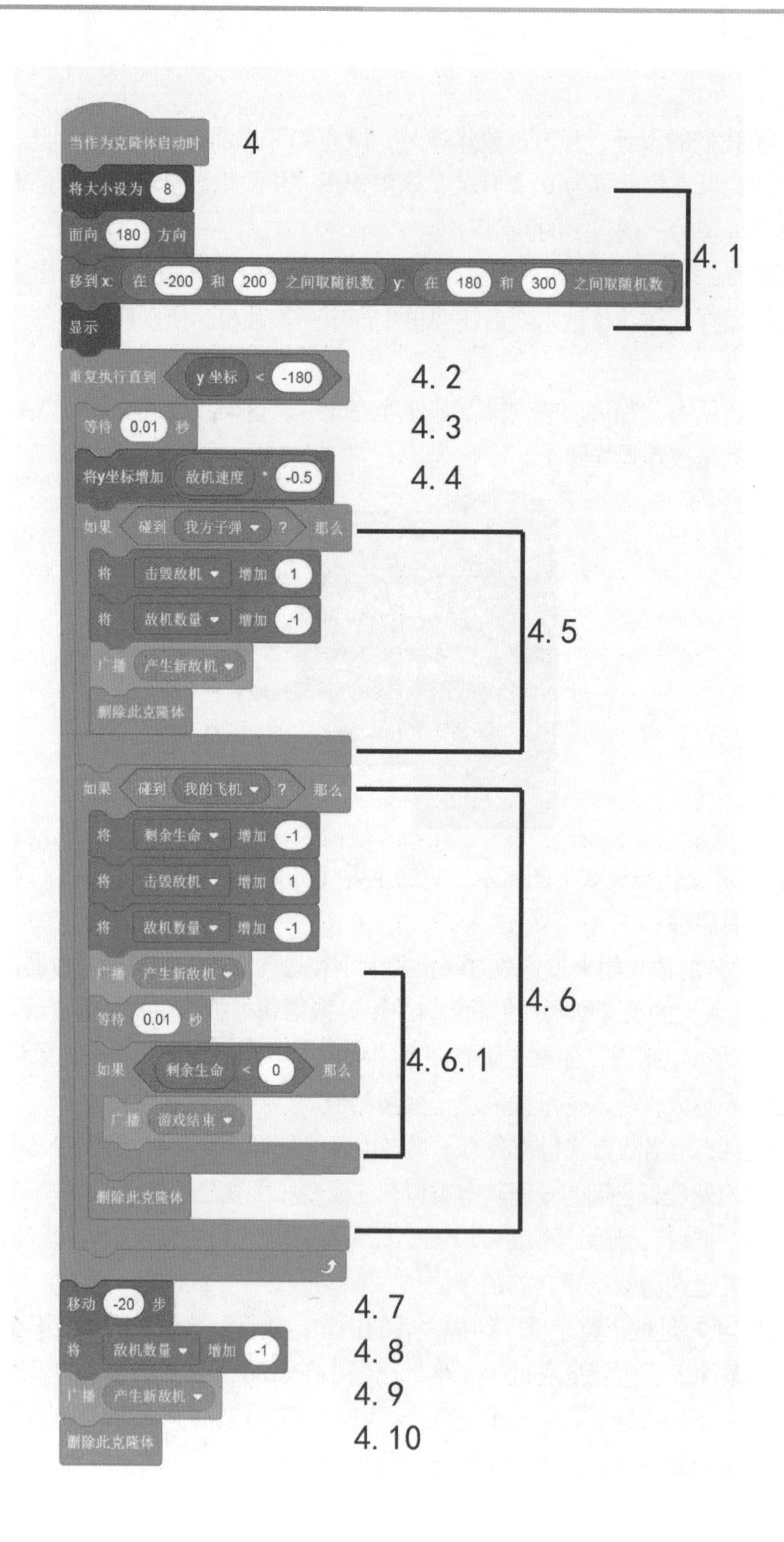
当作为克隆体启动时
4
将大小设为 8
面向 180 方向
移到 x: 在 -200 和 200 之间取随机数 y: 在 180 和 300 之间取随机数
显示
4. 1
重复执行直到 y 坐标 < -180
4. 2
等待 0.01 秒
4. 3
将y坐标增加 敌机速度 * -0.5
4. 4
如果 碰到 我方子弹 ? 那么
将 击毁敌机 增加 1
将 敌机数量 增加 -1
广播 产生新敌机
删除此克隆体
4. 5
如果 碰到 我的飞机 ? 那么
将 剩余生命 增加 -1
将 击毁敌机 增加 1
将 敌机数量 增加 -1
广播 产生新敌机
等待 0.01 秒
如果 剩余生命 < 0 那么
广播 游戏结束
4. 6. 1
删除此克隆体
4. 6
移动 -20 步
4. 7
将 敌机数量 增加 -1
4. 8
广播 产生新敌机
4. 9
删除此克隆体
4. 10

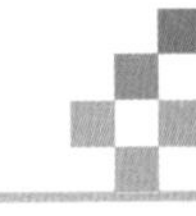

4.5 己方子弹代码

己方子弹的功能比较简单，即从当前飞机位置向上运动，如果碰到敌机，敌机被击毁的代码在上面敌机代码块中已经提供了，但子弹在碰撞敌机后自己也要失效，下图中语句5～8就是用于处理这个情况的。

注意，你也可以让己方的子弹在碰到敌机和碰到敌方子弹后都消失，有能力的小朋友可以自己思考一下要如何实现。

己方子弹代码

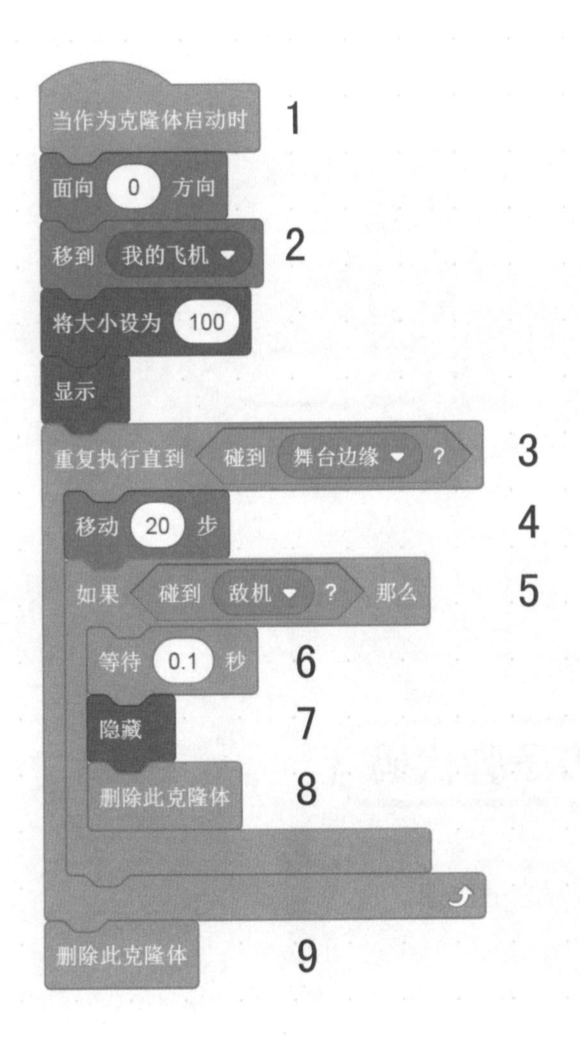

NOTICE 注意：如何发射双排子弹

游戏中的子弹都是从飞机的两侧发射出的，那么该如何设置呢？这有两种解决方案，一种简单的方案是在造型中就把子弹绘制成“双排子弹”，如下图所示；另一种稍复杂的方案就是每次发射子弹都发射两次，左右各一次，代码中也要分别设置左右两侧子弹的不同位置。

本书提供的代码链接也提供了使用第二种方案的相关代码块和注释。

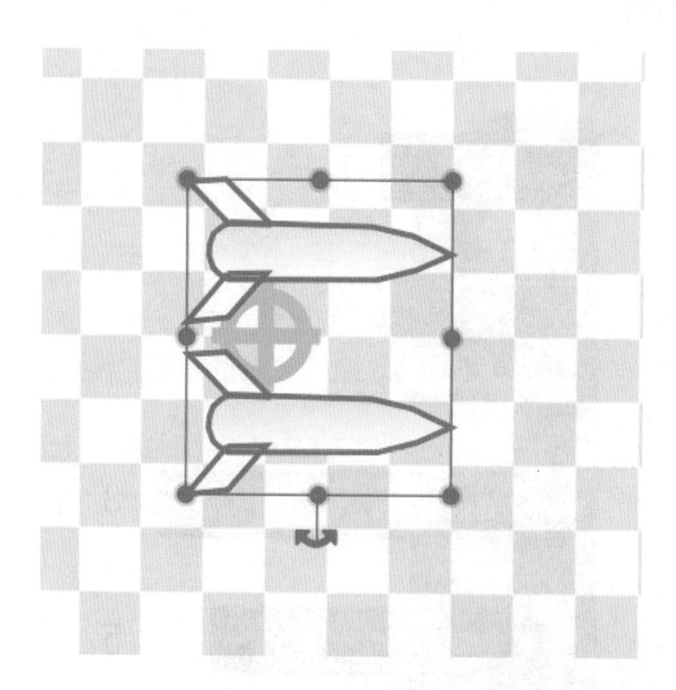

4.6 敌方子弹代码

敌方子弹的代码如下图所示。

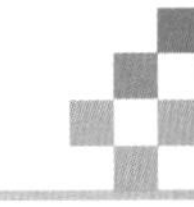

敌方子弹代码

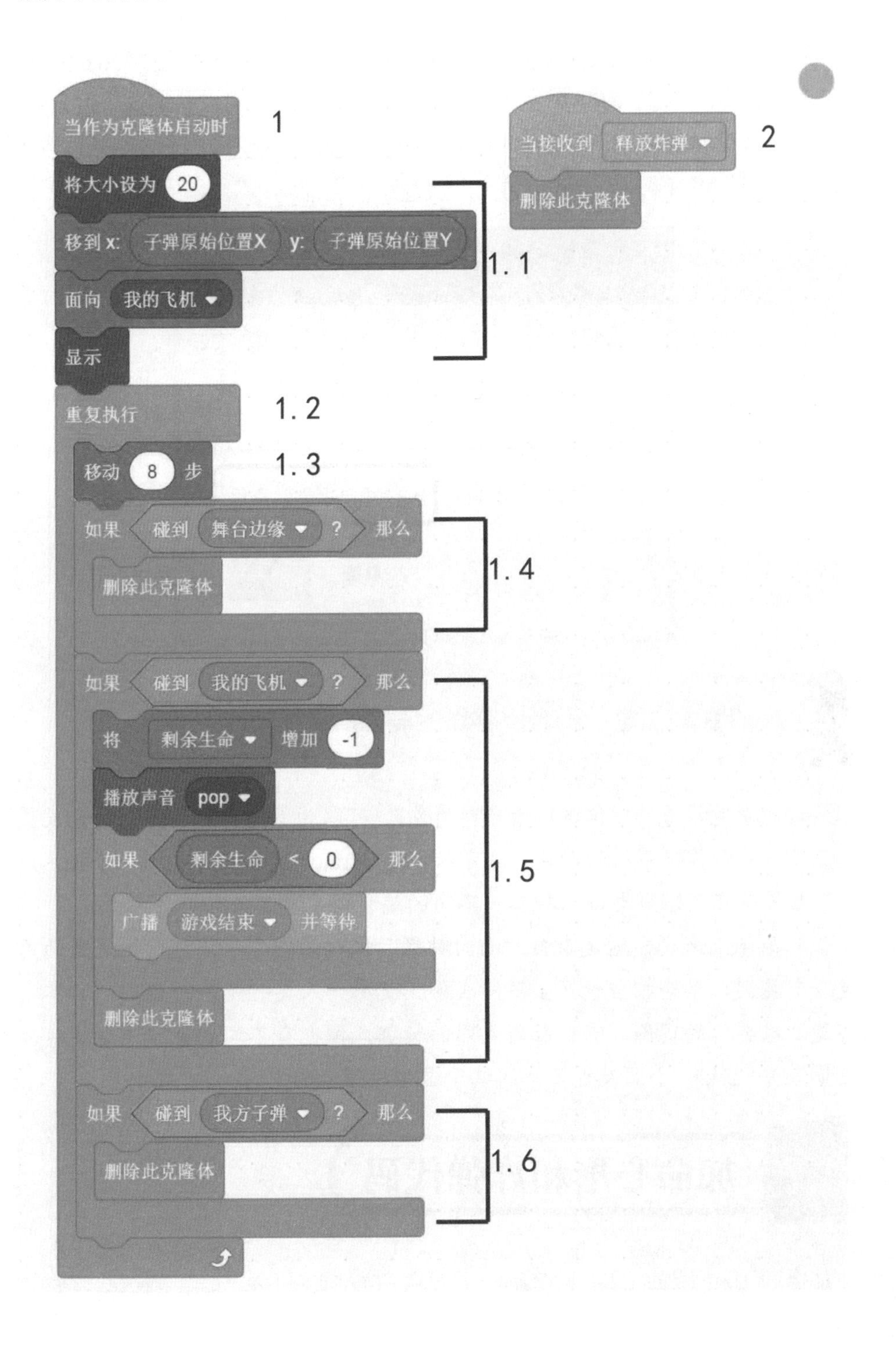
当作为克隆体启动时
1
将大小设为 20
移到 x: 子弹原始位置X y: 子弹原始位置Y
面向 我的飞机
显示
1.1
重复执行
1.2
移动 8 步
1.3
如果 碰到 舞台边缘 ? 那么
删除此克隆体
1.4
如果 碰到 我的飞机 ? 那么
将 剩余生命 增加 -1
播放声音 pop
如果 剩余生命 < 0 那么
广播 游戏结束 并等待
删除此克隆体
1.5
如果 碰到 我方子弹 ? 那么
删除此克隆体
1.6
当接收到 释放炸弹
删除此克隆体
2

以上代码中，1.1 部分语句仍然是做初始的设置，在设置子弹大小为 20 后，它把子弹移动到特定的 x 坐标和 y 坐标位置，这句代码很重要。回顾 4.3 节敌机发射子弹的代码段，在广播“敌机发射子弹”之前特地先存储了“这架敌机”当前所在位置的 x 坐标和 y 坐标；于是，在这里，当子弹被克隆出来时，就可以获取这个位置的坐标。这就为不同克隆体设置了不同的参数，当然前提是在创建变量“子弹原始位置 X”和“子弹原始位置 Y”时，一定要设置为“仅适用于当前角色”，如下图红框所示。

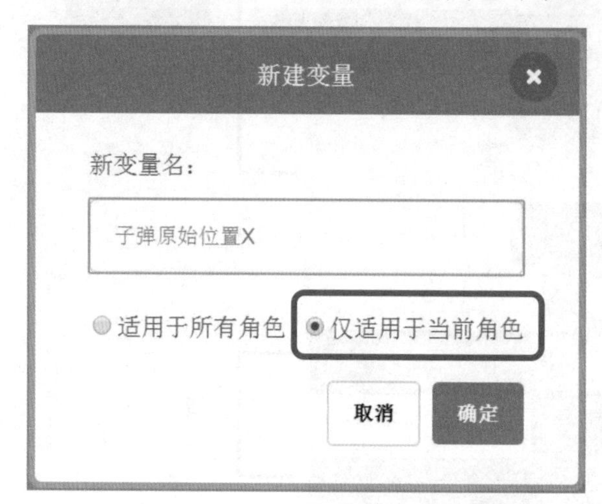

NOTICE 注意：不是所有程序语言都这样处理

通过把变量设置为“仅适用于当前角色”，可以为克隆出来的不同角色设置不同的变量值，从而获得不同的动作，这可以说是 Scratch 里稍显独特的一个技术点。但小朋友如果实在不理解也不必担心，不同的编程语言有不同的处理方式。

但从原理上来说，这是来自“面向对象”编程的理念。你可以把这里的角色看成是一个类别，克隆相当于产生不同实例。就像“人类”是一个类别，具体的每个人都是“人类”的实例，它们有着共同的特征，但也有不同的特征（这就对应着不同变量值）。当然，小朋友也不必纠结于这些原理性的内容。

4.7 加命心形和炸弹代码

加命心形和炸弹都是一种奖励，需要用户控制飞机去“吃”到这些奖励，来延

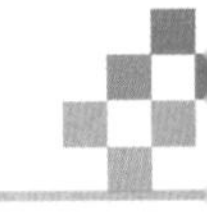

长生命值和增加应急武器。它们都是舞台每隔一段时间克隆出来的，所以它们都是以“当作为克隆体启动时”为程序入口的。

加命心形的代码

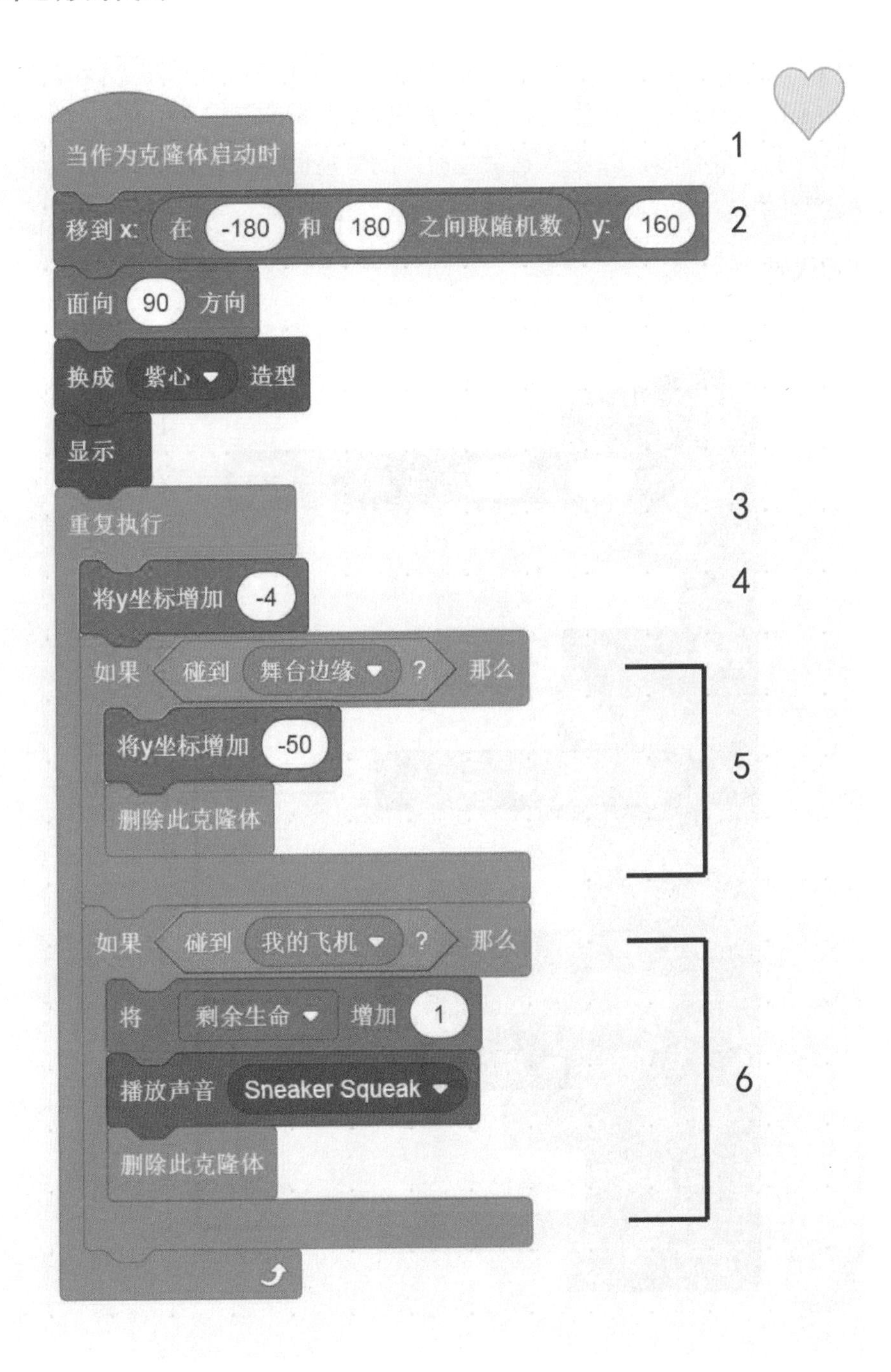

以上代码比较简单，解释如下。

当一个心形被克隆产生后，就引发语句1开始运行。

语句2把它移到一个随机的水平位置，之后设置心形的方向、造型，并让它显示出来。

语句3开始向下移动的循环结构。其中，语句4就是每次向下移动的步数，语句5判断它已经碰到舞台边缘，就进一步移出舞台并删除这个心形，语句6判断飞机“吃”到了这个心形，改变“剩余生命”的变量值，并且播放声音作为提示，之后删除这个心形。

炸弹代码

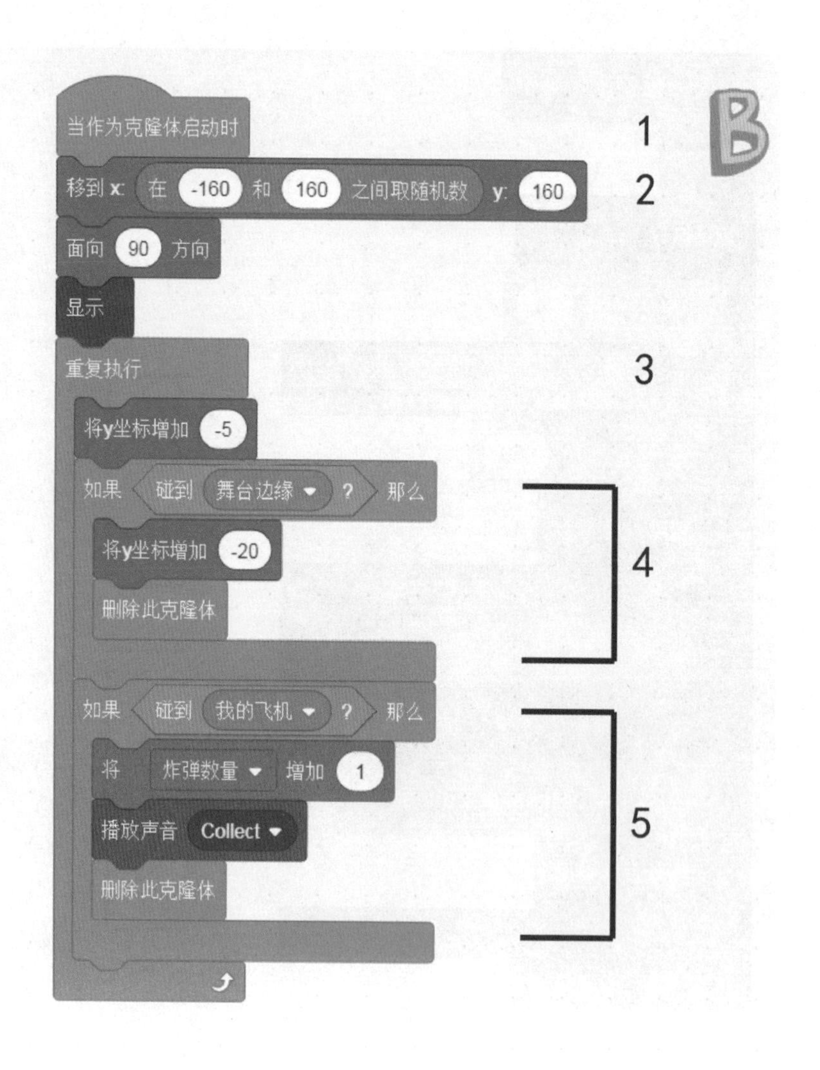

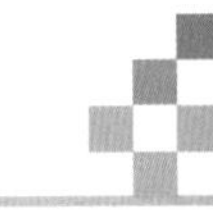

炸弹代码和加命心形代码非常类似，小朋友们可以自己一边比较一边理解。

4.8 舞台的代码

最后我们来看舞台的代码。在这个游戏中，因为涉及很多角色，有些角色之间的相互协调就放在了舞台里，所以舞台的代码也并不简单。

舞台的代码

```
1
当 ⚑ 被点击
换成 太空 ▼ 背景
将 剩余生命 ▼ 设为 2
将 击毁敌机 ▼ 设为 0
将 敌机速度 ▼ 设为 8
将 我方子弹位置 ▼ 设为 0
将 是否左侧子弹 ▼ 设为 0
将 炸弹数量 ▼ 设为 3
```

```
2
当 ⚑ 被点击
将音量设为 30 %
重复执行
    播放声音 Menu [Sky Dash] ▼ 等待播完
```

```
3
当 ⚑ 被点击
重复执行
    等待 在 4 和 10 之间取随机数 秒
    克隆 加命心形 ▼
```

```
4
当 ⚑ 被点击
重复执行
    等待 在 4 和 10 之间取随机数 秒
    克隆 炸弹 ▼
```

```
5
当接收到 产生新敌机 ▼
重复执行直到 < 敌机数量 > 4 >
    克隆 敌机 ▼
    将 敌机数量 ▼ 增加 1
    等待 在 1.0 和 3.0 之间取随机数 秒
```

```
6
当接收到 敌机发射子弹 ▼
克隆 敌方子弹 ▼
```

```
7
当接收到 游戏结束 ▼
换成 游戏结束背景 ▼ 背景
等待 1 秒
停止 全部脚本 ▼
```

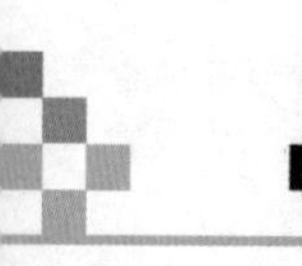

第 1 部分代码块给各个变量设置了最初的取值，其中有两个变量“我方子弹位置”和“是否左侧子弹”。如果我们使用单排子弹造型的方案，那么可以用这两个变量来标识这个子弹应该位于飞机的左侧还是右侧。不过，现在我们采用了更“巧妙”的简便方法，直接使用双排子弹造型，你可以暂时忽略这两个变量。第 1 部分的其他几个变量，小朋友们要理解它们各自的作用。

第 2 部分是让游戏一开始就持续地循环播放背景音乐。你可以试试多增加几首不同的音乐来循环。

第3和第4部分代码块是分别隔一段时间就克隆出加命心形和炸弹角色的代码。注意这里也采用了随机数，让它们出现的时间有所变化。

第5、6、7部分代码块各自响应了某个消息，并执行相应动作。

第 5 部分代码块响应“产生新敌机”消息，克隆新的敌机，并且维持敌机总数为 5 个。敌机的代码块中，敌机碰到己方子弹或己方飞机时都会销毁，之后就会广播“产生新敌机”的消息。

第 6 部分代码块响应“敌机发射子弹”的功能。要注意的是，如果我们不使用“双排子弹”造型，这里也需要克隆两次才能让敌机发射左右两侧的子弹。类似代码和注释可以参见本书附带案例的代码。

第 7 部分代码块是游戏结束后的处理，将舞台切换成游戏结束的提示背景，并且停止所有脚本的执行。

THINK 思考：自动提高游戏难度

如果你想让游戏一开始比较容易，随着用户游戏时间的增长慢慢提升难度，一个比较常用的方法是把敌机速度、敌方子弹的速度用变量来存储，当游戏时间或击毁敌机数量到达一定程度时，就把变量值提升一点，这样即可慢慢提升游戏难度。

4.9 重点回顾

本章的飞机大战游戏代码比较多，但基本没有全新的 Scratch 技术点。所以，本章更注重“工程性”，你要从一开始就对角色的功能、角色间的相互协调有尽可能详

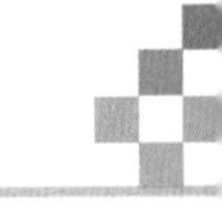

细的规划，之后一步步耐心地把这个作品制作出来，就像你真正在搭建一个比较复杂的积木时，也是要一个部分一个部分地搭建一样。

本章已经搭建好了一个相对完整的游戏框架，到目前为止已经有了非常不错的可玩性。当然，你也可以在此基础上继续加入更多的功能，比如加入更大的敌机，让它移动的速度比较慢，但却需要被打中两次才能被击毁等。

回顾一下本章的重点：

1. 学会做好事先的规划和设计。
2. 能自己绘制角色的造型。
3. 综合运用前面几章学习过的各种技术点。
4. 对于代码比较长的角色，能够耐心制作。

找不同

本章知识点

本章要学习的几个主要知识点包括：

1．熟练使用 **Scratch** 的图像编辑器绘制和修改图像。

2．掌握多关卡游戏的制作原理。

3．学习画笔类指令的使用。

前面 **4** 章的案例基本上已经覆盖了 **Scratch** 全部的技术内容，后面的一些案例更多是带领小朋友们综合、灵活地运用这些技术，做出各式各样的作品。

飞机大战游戏在工作量上已经非常大了。但好玩的游戏不一定都需要巨大的工作量，更重要的是想法和创意是不是有意思。这一章，我们要做的游戏代码量就没有这么大，但可玩性也完全不差。我们要利用 **Scratch** 提供的现有背景图片，制作一个“找不同”的游戏。

5.1 任务和规划

Ch5
找不同

任务

本章要打造一个“找不同”的游戏，舞台上左右显示两张图片，让你找出其中的不同。另外，我们还给这个游戏设置了两个关卡，带你学会多关卡游戏的制作原理。

规划

整个游戏通过下面几步来实现。

1. 准备有几处细微不同的画面。
2. 判断用户是否找到了正确的不同点，并进行相应处理。
3. 找出全部不同之后，进入到下一关。

5.2 制作不同的画面

我们手头很难有提前准备好的包含几处细微差别的两幅画面，所以需要自己去制作。

我们就地取材，使用 Scratch 提供的背景来制作。你需要把一个图片复制成两个，在另一个图片上做一些比较难以察觉的修改。步骤如下图所示。

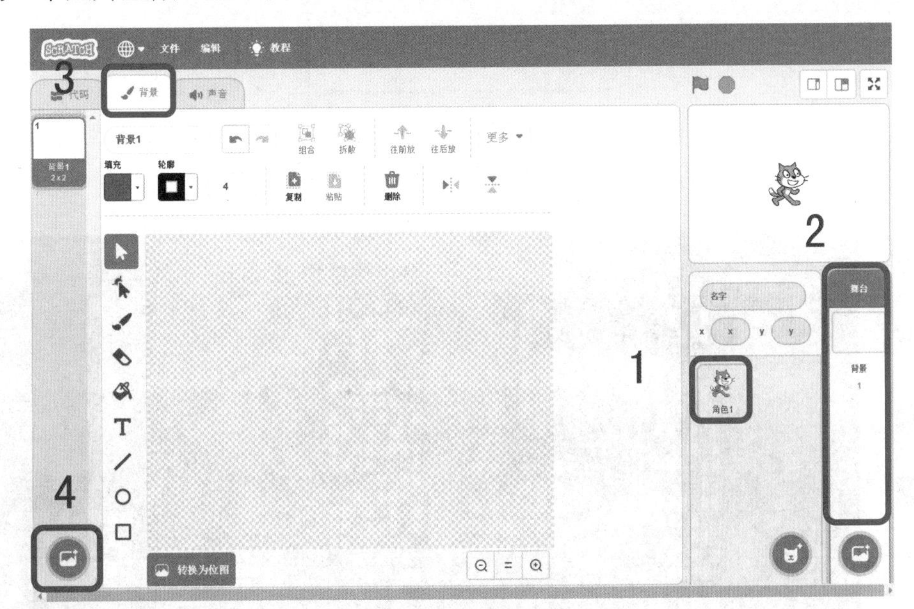

 删除小猫角色。

 单击舞台区域。

 单击背景标签页。

 滑动到“选择一个背景”图标上，在弹出的菜单项选择放大镜，如下图所示。

在 Scratch 的背景里，选择一个适合制造不同的图片，比如我们为第一关选择了下图。

这张图就会出现在背景页的图像编辑器里，如下图所示。

先单击上图红色框里的“转换为矢量图”，把图像转换为矢量模式。然后，我们就要把它复制成两个，排列在图像编辑器中。

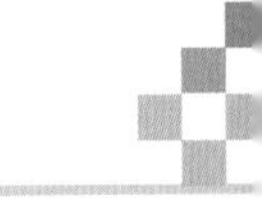

步骤为，首先单击这张图片，确认图片的四周也有下图所示的蓝色框线。然后，按下键盘的〈Ctrl+C〉快捷键复制这张图片（iOS 系统是按下〈Command+C〉快捷键），然后按下〈Ctrl+V〉快捷键（iOS 系统中是〈Command+V〉键），就复制了另一张图片处理，用鼠标拖动就可以看到这时有两张图片重叠在一起，如下图所示。

现在要做的就是把最上面的图片移动到右侧，使两张图片各自占据编辑器的一半。为了便于区别两张图片，建议在这个背景的最中间画一个比较粗的竖线来区分左右两部分的图片。如下图所示，左侧工具栏中红框内的工具就是绘制直线的工具。

你可以先设定宽度和颜色再画这条直线，也可以先画一条直线，然后再设定它的宽度和颜色。具体的取值可以参考下图。总之，要让红线稍微粗一点，并且它左右两侧的图片一模一样。

TIPS 技巧：细微移动图片

用鼠标移动图片可能很难精确定位，可以用键盘上的上下左右方向键来移动，这时候的移动速度很慢，你可以确保左右两张图片各自占据一半，并且上下对齐。

好了，下面我们该人工制造一些不同了。比如，最简单的就是选择左侧的“画笔”工具，把画面上的某个色块用背景色“涂抹”掉。

选择画笔工具，再单击下图所示的“填充”，在弹出的颜色对话框里选择“吸管”图标，在画面上提取你希望的背景色，再把画笔大小设置小一些，比如下图的 10。现在你就可以把某个色块“涂抹”掉了。

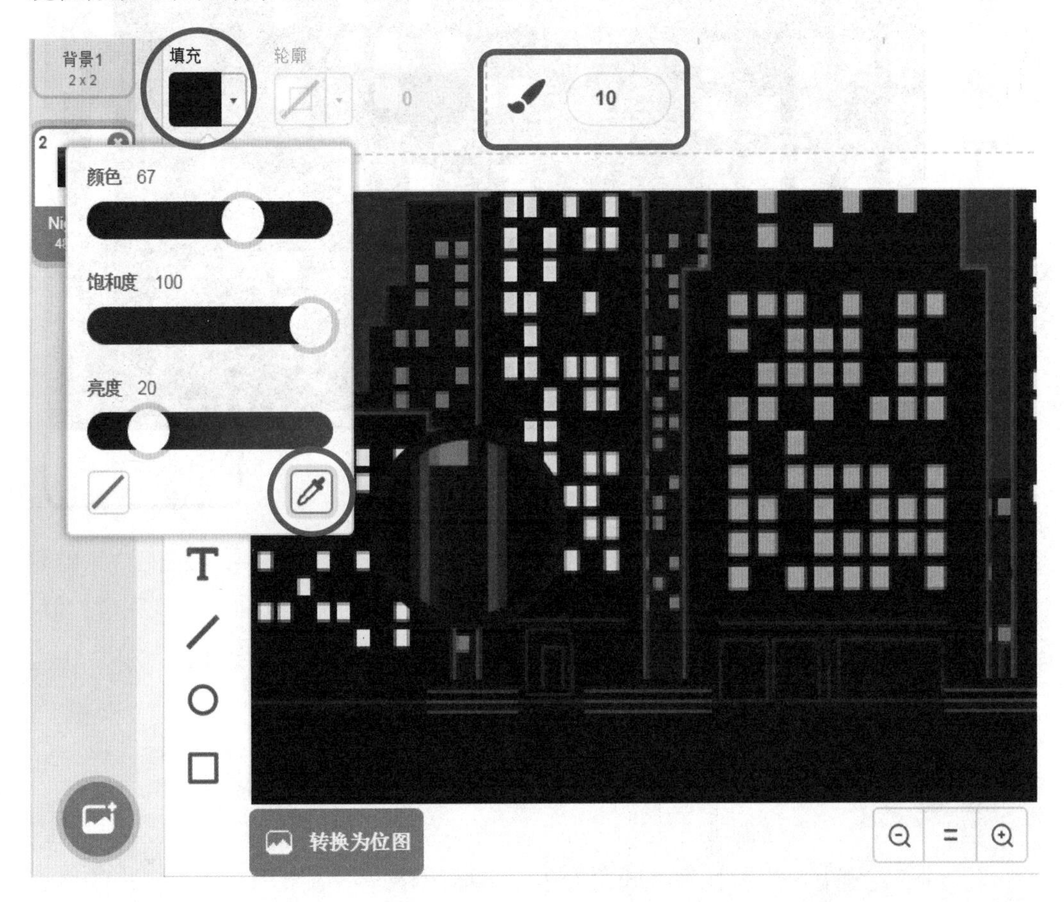

在擦除的时候，你可以通过图像编辑器右下角的放大缩小工具把图像放大或缩小，如下图的红色框所示，这样可以擦得更精确。比如下图把图像放大后，能看到橙色框中的修改实际上没有那么完美，但单击“=”恢复正常比例后，肉眼很难看出其中修改的痕迹，这就可以满足我们的需要了。

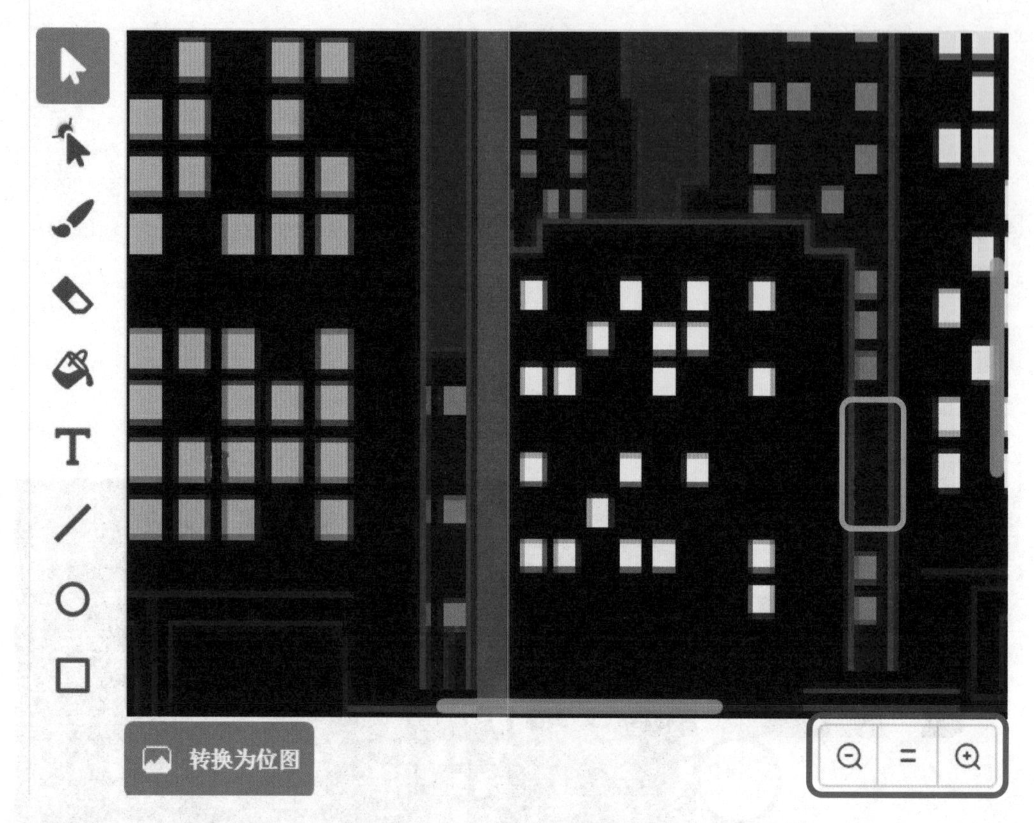

按照这样的方法，为左右两侧的画面制作出 3 处不同，我们第 1 关的背景就制作完成了。当然，我们还要为第 2 关制作一个包含 4 处不同的画面，步骤完全类似，你可以自己去实现。

5.3 监测用户是否找到了不同之处

下面该监测用户是否找到不同之处了。大概思路是：如果用户鼠标单击的位置正好处于某个不同点，我们就把这个地方圈出来，表明用户找到了一处不同。

添加角色

同理，我们先要引入一个角色，它要完成“画圈”这个功能。这次，我们自己绘制角色的造型，单击“选择一个新角色”菜单项中的“绘制”工具，如下图红框所示。

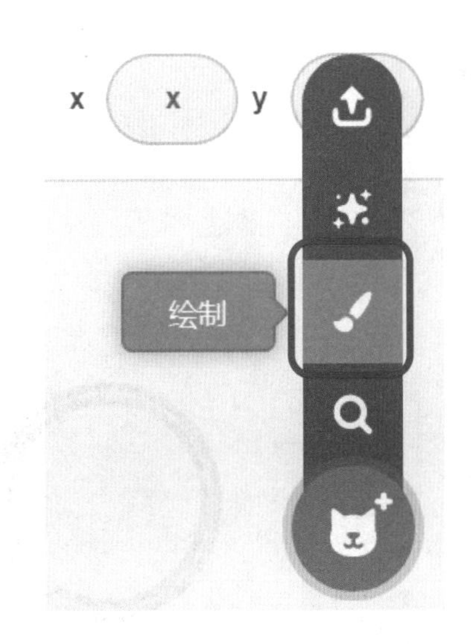

在图像编辑器里，选择左侧的圆形绘制工具，然后使用我们之前说过的技巧，按着〈Shift〉键的同时在画板上拖动鼠标，就可以绘制一个正圆，如下图所示。

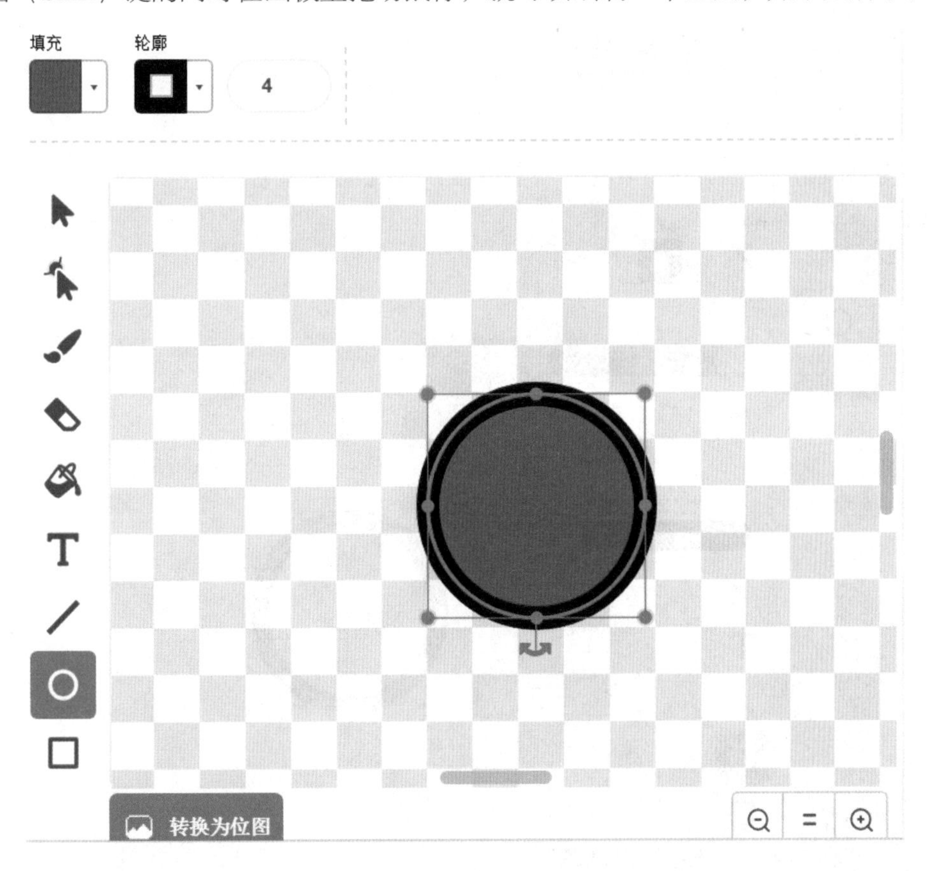

把新绘制的圆形的填充改为“无填充”，如下图的红框所示。

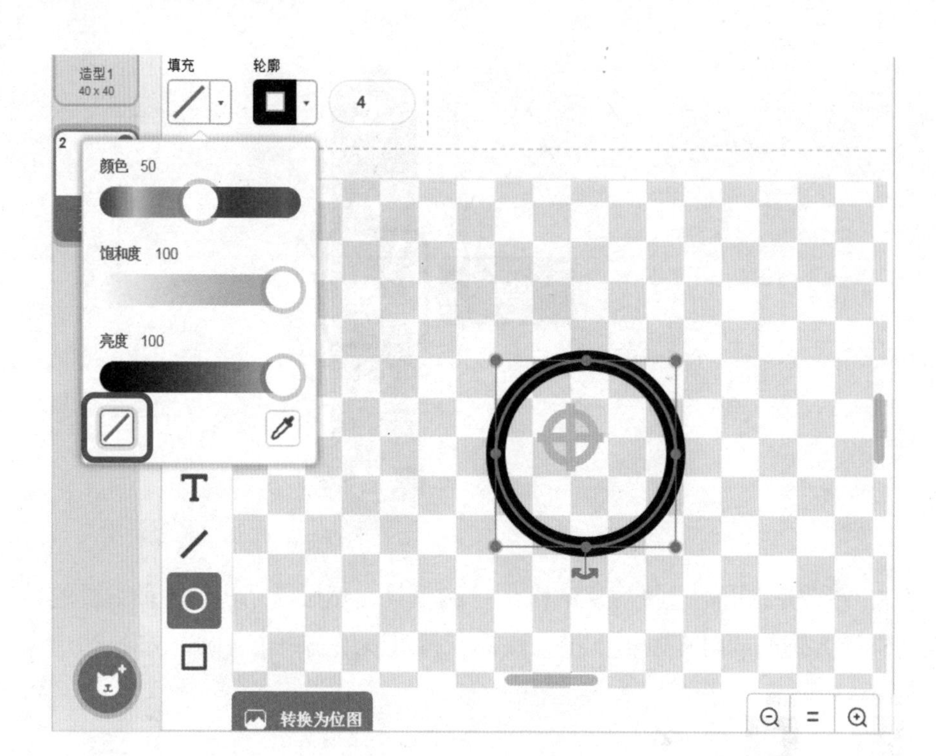

再把它的线条轮廓改成你需要的颜色，比如红色，如下图所示。当然，你还要尽量把这个圆形对准画板的中心，下图中圆形就还没有对准。

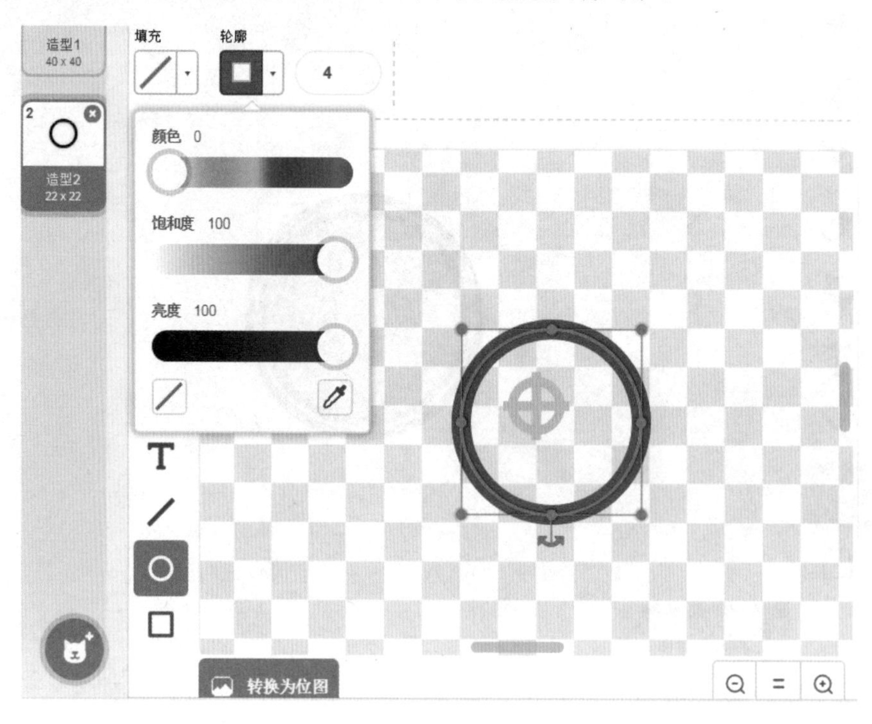

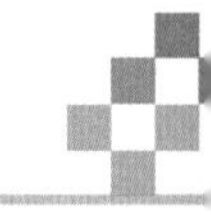

下面该编写这个角色对应的代码了。

红色圆环角色代码

我们为这个圆环角色编制的代码如下图所示。

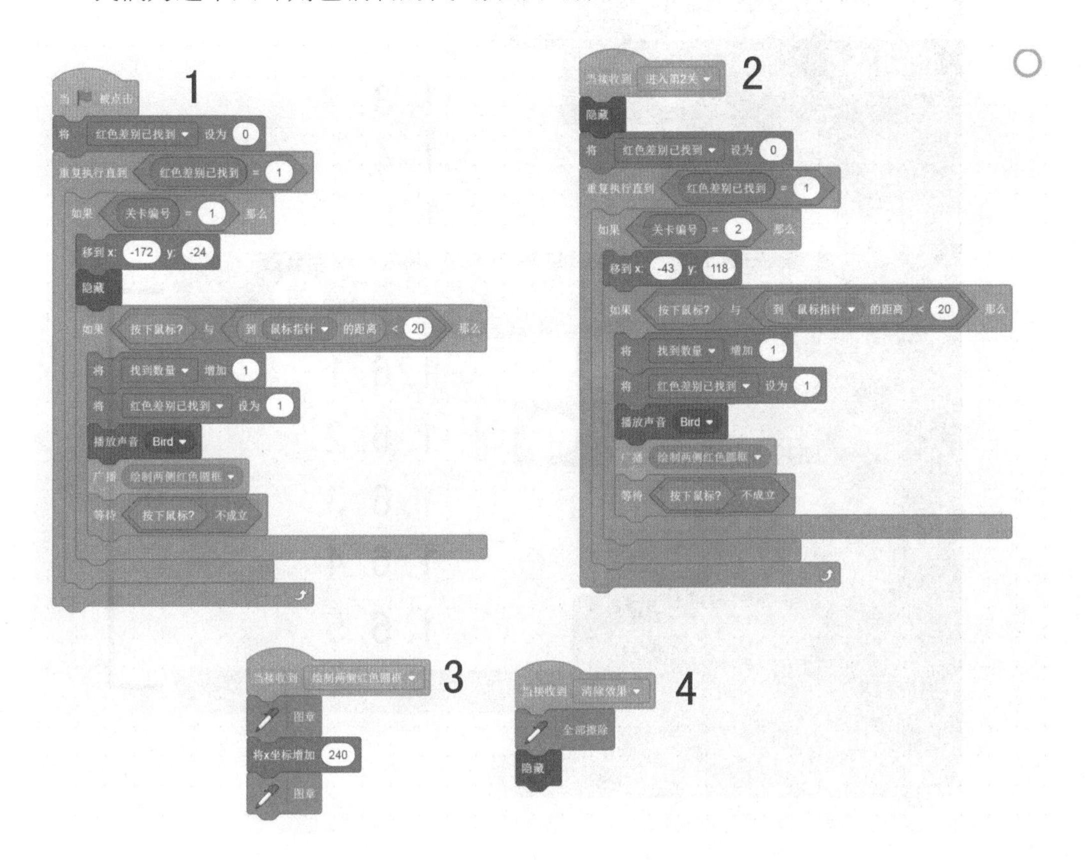

它的代码可能比你想象得要复杂一些。我们仍然把上面几个部分分为 4 个部分来解释。其中，第 2 部分的代码块是进入第 2 关后的代码，它的代码和第 1 部分代码块基本是类似的，我们只重点解释第 1、3、4 部分的代码块。

下图所示的第 1 部分代码块是针对第 1 关的处理代码。基本原理是，事先把红色圆环定位在舞台背景左侧图片的一个差异点处，并且监测用户鼠标单击的位置，如果单击了这个位置，就认为用户已经找到了这个不同点。

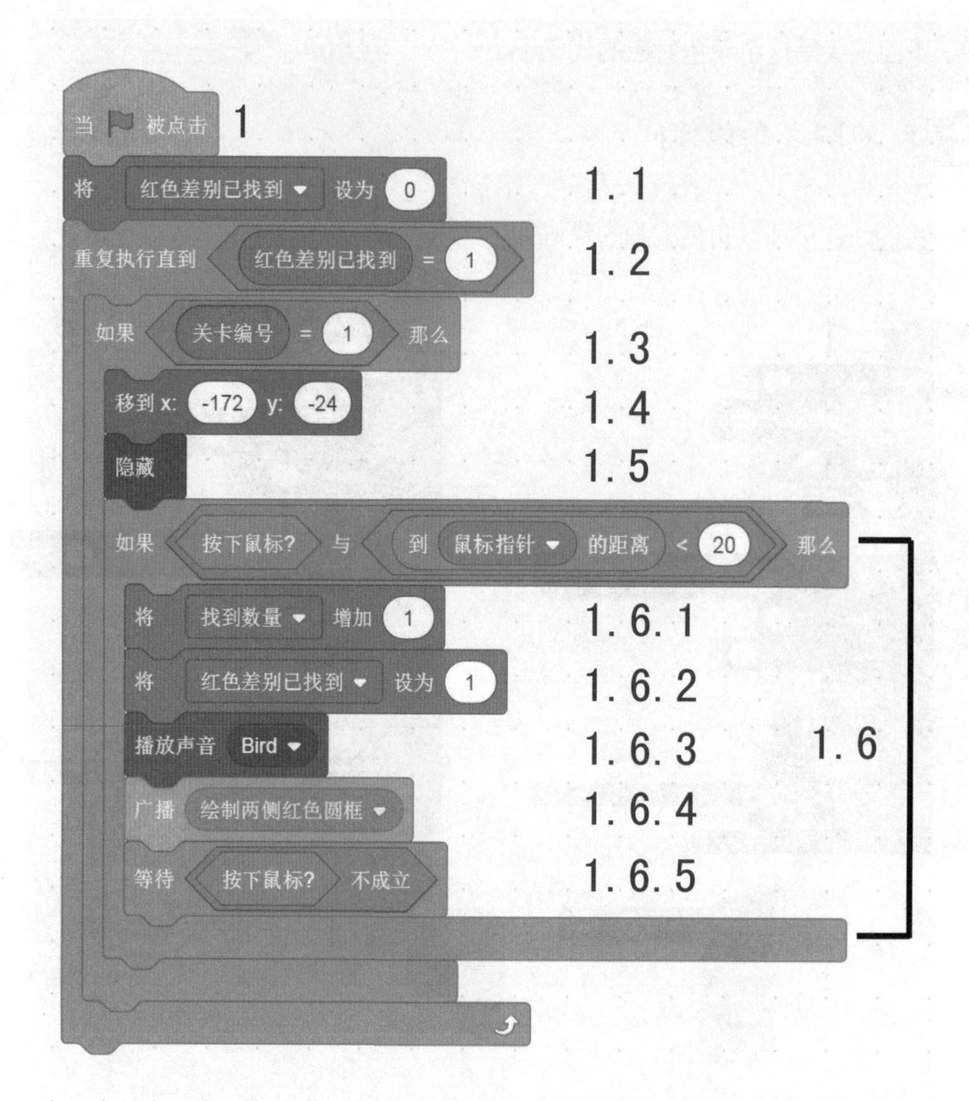

代码中，语句 1.1 使用了一个“红色差别已找到”的变量，使得每个不同点只能被单击一次。

之后，语句 1.2 开始监测用户单击的循环，直到这个不同点已经被找到。

语句 1.3 实际上是为了处理多个关卡的情况。在不同关卡，圆环标记的不同点位置坐标是不同的，所以需要分开处理。

语句 1.4 就把圆环定位到了一个特定位置上，这个位置其实就是第 1 关背景图上左侧不同点的精确位置。注意，可以在舞台上先把圆环拖动到预定位置，在下侧坐标区域就可以读取此时的坐标值。

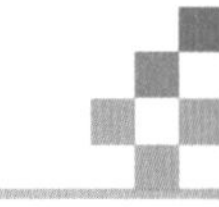

语句 1.5 把角色本身隐藏起来，这也不难理解。

语句 1.6 就是判断用户已经找到了这个不同点时的处理。首先我们看这个条件判断语句里的条件，它用了一个“与”操作，就是两个条件要同时满足：鼠标要按下，并且按下的点距离圆环中心距离小于 20。

语句 1.6.1 用到的变量是“找到数量”，表示用户总共找到了目前关卡中多少个不同点，所以这里找到了一处不同，数量要增加 1。

之后，语句 1.6.2 把变量“红色差别已找到”的值设定为 1，表示这个不同点已经被发现了。

语句 1.6.3 播放一个声音来提醒用户。

语句 1.6.4 广播一个消息，对这个消息做出响应的代码就是红色圆环角色的第 3 部分代码块，它要在背景的左侧和右侧相应的位置各自绘制一个圆框，具体我们稍后解释。

语句 1.6.5 是我们特别要指出的一个技巧，它的目的是防止程序多次判断用户鼠标已经按下造成的问题。这里我们要多解释一下。

下图我们提供了两组代码，强烈建议小朋友新建一个项目，测试一下两组代码的不同之处。右侧代码只是多了一个等待语句，但其中的差别不小。实际运行时，如果鼠标按下后没有快速抬起，代码块 I 就可能会让小猫进行多次动作；而代码块 II 就不会发生这种情况，鼠标按下一次就只会动作一次，不论你多长时间才松开鼠标左键。

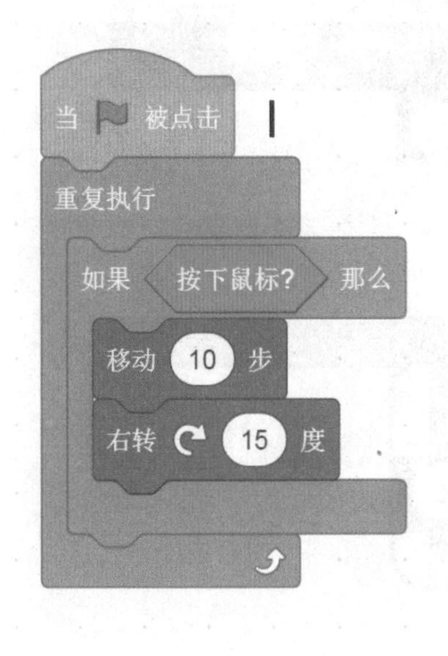

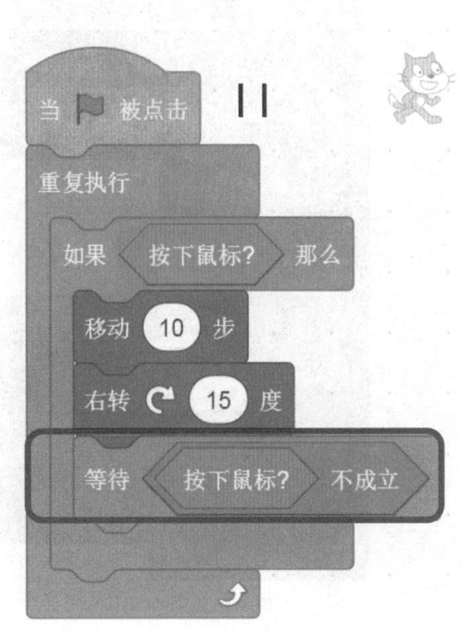

TIPS 技巧：防止多次响应鼠标单击

这个小技巧其实是为了解决 Scratch 本身的一点小不足。

在 Scratch 的“侦测”类指令里，只有判断“鼠标按下”的指令，没有判断“鼠标单击”的指令，所以鼠标如果长时间按下而没有及时抬起来，Scratch 的程序就可能多次响应“鼠标按下”的条件。

而以上通过“等待”语句的处理，是最简单、最实用的解决方法。我们详细地讲解这个问题，就是希望小朋友们能够在遇到问题的时候解决问题。任何编程语言都有它的不足，你需要在现有的条件下，通过不同的技巧去实现自己需要的功能。

其实，这里的解决方法远不止一种，小朋友们可以想一想其他方法，比如设定一个变量，当鼠标按下后改变这个变量的值，直到鼠标抬起后再恢复这个变量的值，在条件判断语句中同时把这个值和鼠标按下作为一种条件，也可以解决这个问题。下图就提供了这个方案的代码，你需要理解它的思路，并且比较一下和上面的方法哪个更简单。

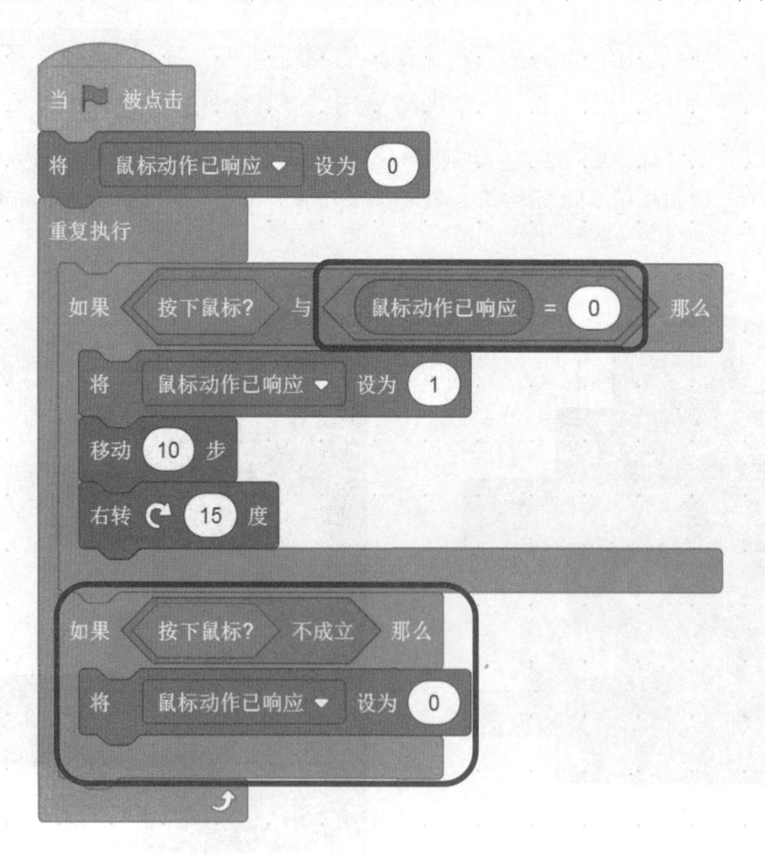

另外，刚才说了，Scratch 里只有“鼠标按下”这一个“侦测”指令，如果你要响应鼠标“双击”，也就是快速单击两次的动作，利用上面的鼠标单击并结合计时器技术也是不难实现的，你可以尝试一下。

理解了前面第 1 部分的代码块，也就明白了这个例子，剩下的其他很多代码都是类似的。比如，下图所示的红色圆环第 2 部分代码块用于处理游戏进入到第 2 关后的情况，它和代码块 1 大同小异。

两部分代码真正不同的语句只有一处，就是下图中的语句 2.4，第 2 关新的背景图上，红色圆环准备去标识新的不同点位置，所以坐标会有不同。

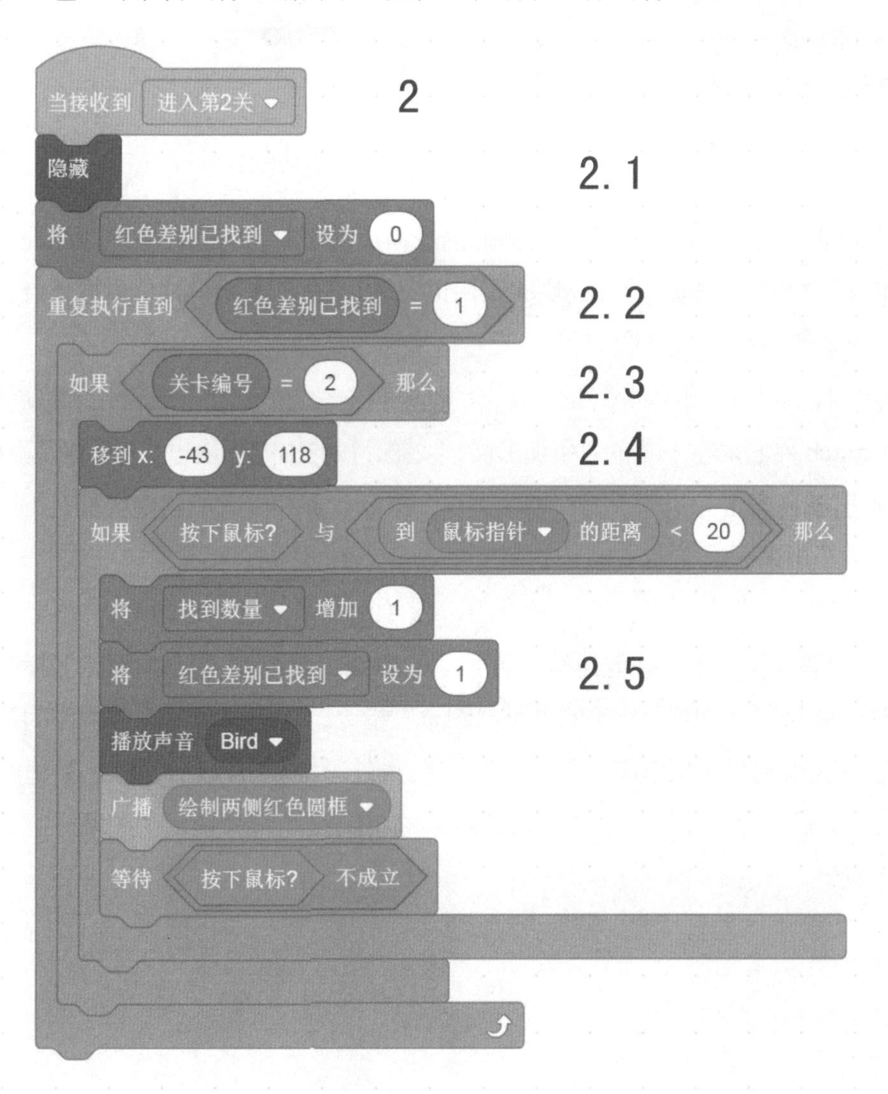

红色圆环角色代码还有代码块 3 和 4，如下图所示。

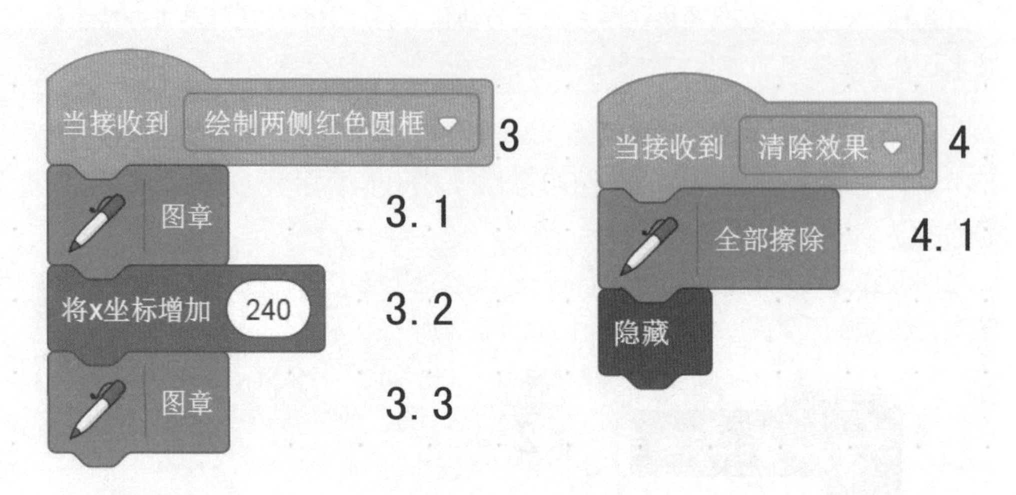

代码块 3 响应前面代码块 1 广播的消息，负责在舞台背景左右两侧画面的不同位置处分别绘制一个圆环。代码块 4 调用语句 4.1，在关卡切换时负责把舞台背景上所有绘制的圆环标识都擦除。

这里我们讲解一下相关的指令，它们都来自“画笔”这个非常常用的扩展模块。单击 Scratch 界面最左下角的“添加扩展”按钮，在弹出的模块里选择“画笔”模块，Scratch 里就会多出一个“画笔”指令类别，这个分类和所有的指令块都在下图橙色框中展示了出来。

画笔的这些指令，功能都比较直观，就像我们在使用一根画笔，“落笔”就开始画，“抬笔”就停止，其他还有设置画笔的粗细、颜色等，“全部擦除”指令把绘制的笔迹擦除。其中唯一特殊的就是“图章”指令，它是把角色的造型作为笔的形状，每一次绘制就类似盖图章那样绘制一次角色形状。所以，代码块 3 里的语句 3.1 和 3.3 就在背景图片的左侧和右侧各自的不同点处，分别用“图章”工具绘制了一个圆环。

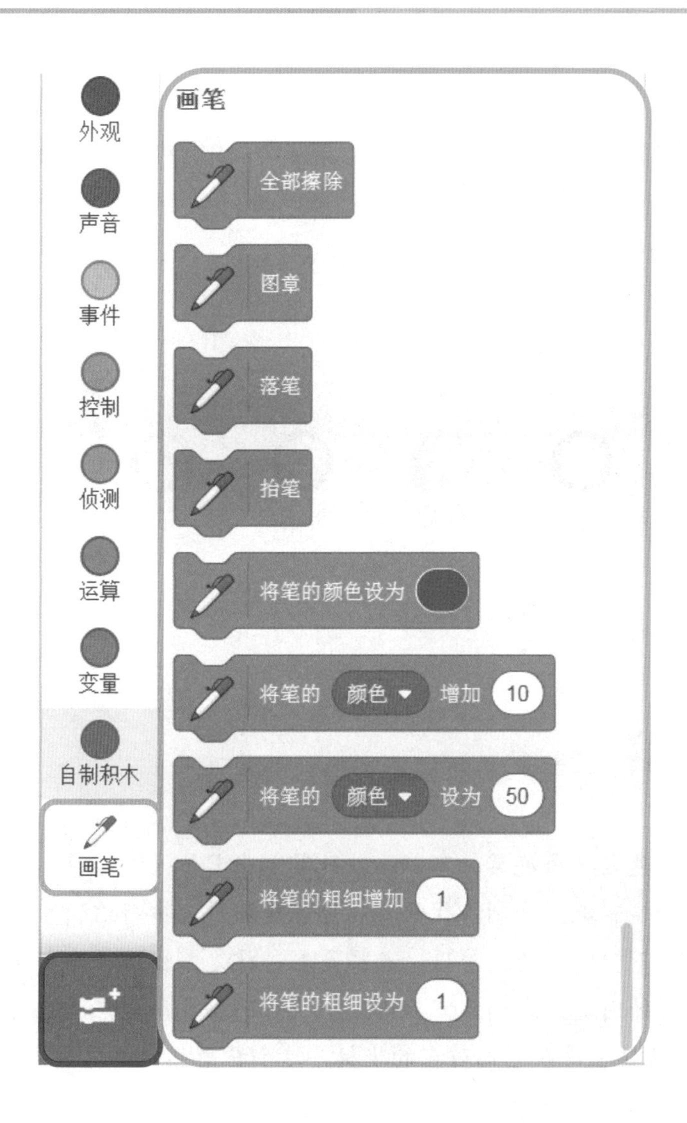

多处不同点的标记

通过上面的红色圆环角色，可以标识用户对一处不同的识别，但这个“找不同”游戏要处理画面上的多处不同，该怎样实现呢？

第一种方法，可以扩充上面的红色圆环代码，让它能处理多处不同，在各个不同之处绘制标记。

第二种方法看似比较笨拙，但实现起来却更容易，就是设置多个圆环角色，每个角色用于标识其中的一处不同。我们这里就使用这个方案。

既然要用不同角色负责不同差异点的识别，那么就如下图所示，设置 4 个角色。

第 1 关有 3 处不同，只需要使用 3 个角色；第 2 关有 4 处不同，要使用全部 4 个角色。这 4 个角色的代码基本上完全一样，只是每个角色有不同的坐标定位。

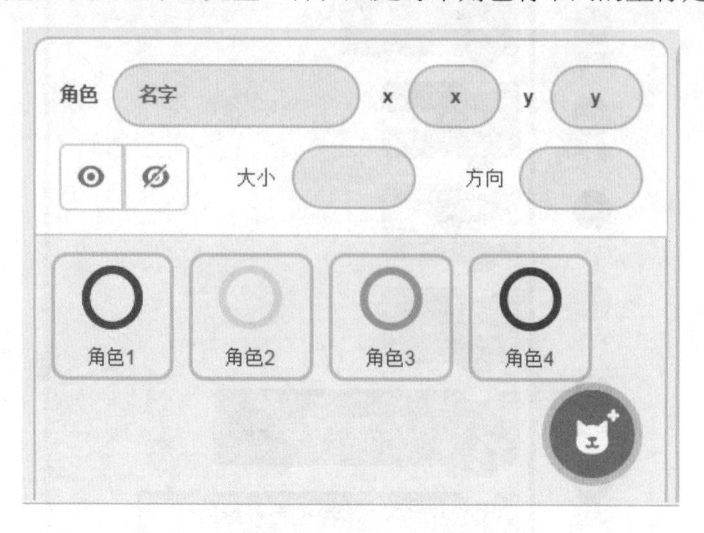

TIPS 技巧：复制角色和复制角色的代码

当你有了红色圆环角色后，可以很快地复制出其他几个角色，而不需要为每个角色都从零开始绘制造型和制作代码。在角色区域里，鼠标右键单击已有的红色圆环角色，弹出如下图所示的菜单项，选择复制，就复制出另一个新角色，它有和红色圆环一模一样的内容，我们只需要修改一下它的颜色（当然你也可以让它们都是红色），在代码区域里修改它们对应的坐标，这个新角色就完成了。

如果你只想把已有角色的一段代码移动或复制到另一个角色的代码区域，也是很方便的。把代码块拖动到角色区域里对应的角色上，并且在角色摇动的同时释放鼠标，代码就被移动或复制过去了。小朋友们可以练习一下。

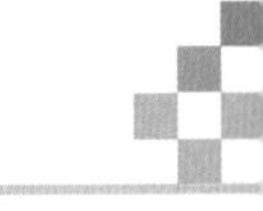

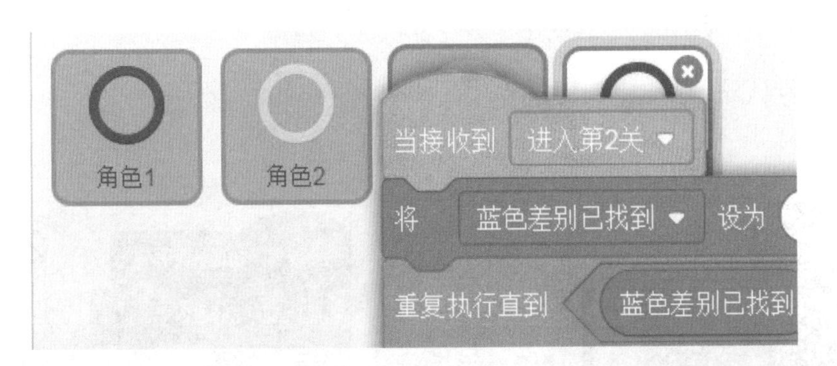

下图显示了第一关所有不同点被识别出来后的效果，画面左侧是每个角色的最初位置，相信小朋友能够更容易理解这个游戏的实现原理了吧。

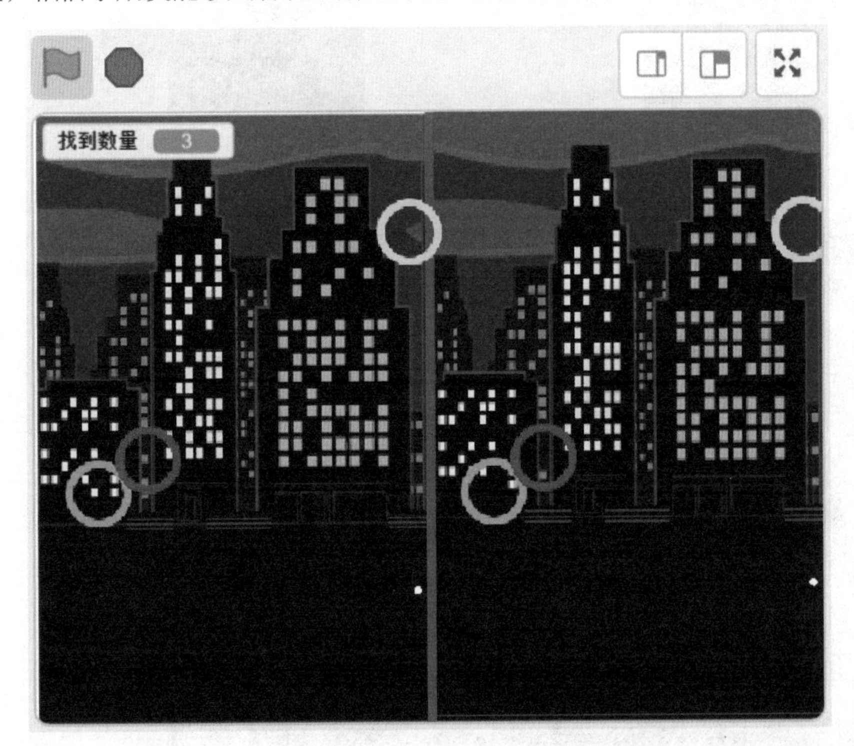

5.4 舞台的代码

舞台代码主要负责在游戏各个环节显示出合适的背景，并且控制游戏各个关卡的切换。

舞台代码

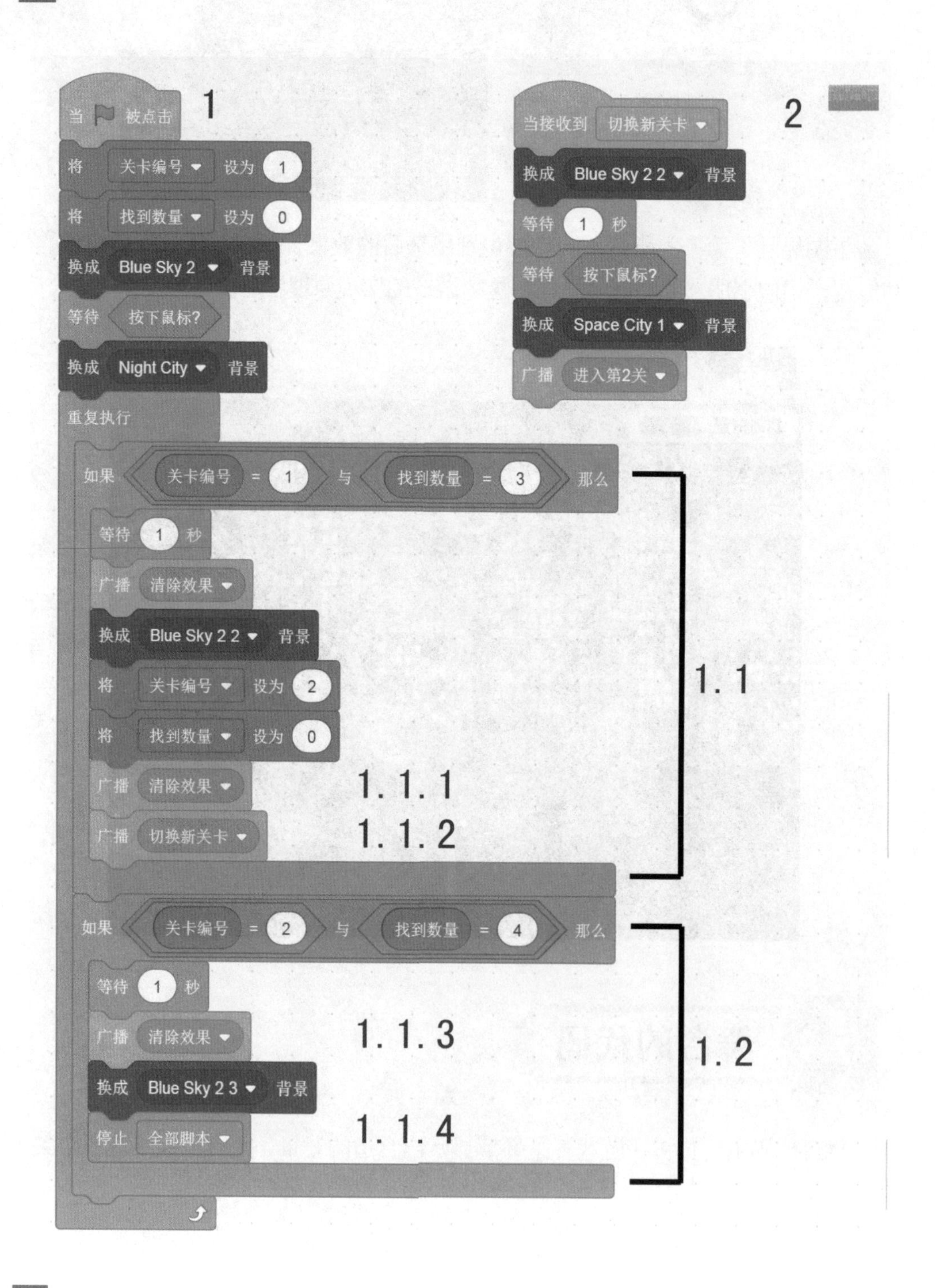
1
当 被点击
将 关卡编号 设为 1
将 找到数量 设为 0
换成 Blue Sky 2 背景
等待 按下鼠标?
换成 Night City 背景
重复执行
如果 关卡编号 = 1 与 找到数量 = 3 那么
等待 1 秒
广播 清除效果
换成 Blue Sky 2 2 背景
将 关卡编号 设为 2
将 找到数量 设为 0
广播 清除效果
广播 切换新关卡
如果 关卡编号 = 2 与 找到数量 = 4 那么
等待 1 秒
广播 清除效果
换成 Blue Sky 2 3 背景
停止 全部脚本
1.1
1.1.1
1.1.2
1.2
1.1.3
1.1.4
2
当接收到 切换新关卡
换成 Blue Sky 2 2 背景
等待 1 秒
等待 按下鼠标?
换成 Space City 1 背景
广播 进入第2关

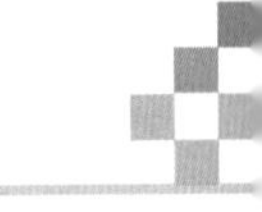

上图舞台的代码，理解起来应该是比较简单的。在代码块 1 部分中，前面设置一些背景切换后，下面分别有 1.1 和 1.2 两部分代码块用于监控第 1 关和第 2 关的进度，一旦完成了对所有不同点的识别后，会有不同的处理。1.1 代码块把游戏从第 1 关切换到第 2 关；因为我们的游戏只设定了两关，所以第 1 关完成后，1.2 代码块控制游戏结束。

再进入到 1.1 代码块内部，语句 1.1.1 用于广播消息，清除屏幕上绘制的所有圆环标识，语句 1.1.2 用于广播切换关卡的消息，上图右侧的代码块 2 就是响应模块，具体代码我们不再解释了。

5.5 两侧都可以单击

上面完成的“找不同”游戏还有一个小缺点，即用户只能单击背景左侧的图片来标识不同点，用户选择右侧差异区域时，程序是没有反应的，因为我们判断用户识别了不同点的条件如下图所示，只判断鼠标单击的点距离角色的距离。

解决方法就是扩展上面的条件。道理很简单，我们把对应的右侧坐标提取出来，同时判断鼠标距离这个目标点的距离就可以了。不过，这个语句在 Scratch 中表示起来会比较长，如下图所示，要用这个语句替换上图中红色框内的条件。这个语句对距离的计算，应该是初高中才会学到的数学内容，小朋友暂且不必深究。

为所有角色、所有第 1 关和第 2 关的语句都进行类似的扩展后，“找不同”游戏就支持左侧或者右侧图片的单击了。

5.6 重点回顾

本章的“找不同”游戏虽然代码不难，但工作量却不算小。不过，小朋友只要按照本书顺序一步步去实现就可以了。如果实现起来有难度，可以直接通过链接下载游戏代码。

回顾一下本章的重点：

1. 使用 Scratch 的绘制功能，制作所需的舞台背景或角色造型。
2. 使用扩展的“画笔”模块。
3. 了解多关卡游戏实现的方法。
4. 处理角色、舞台之间通过消息的广播与接受，进行功能的相互配合。

声光并茂的贺卡

本章知识点

本章学习下面几个知识点。

1．学习 **Scratch** 丰富的特效指令，并能通过它们实现各种动画效果。

2．学习对音乐、音效的控制。

3．通过不同角色间的配合，让贺卡的效果丰富生动。

前面几章的案例都是游戏，为了让小朋友明白 **Scratch** 能做的事情远不止游戏，本章我们就带领小朋友一起制作生日贺卡，它不但能播放音乐，还带有丰富的动画效果。

6.1 任务和规划

Ch6
生日贺卡

任务

这个贺卡的最终展现效果如下图，贺卡上包括点燃蜡烛的蛋糕、缓缓升起的五颜六色的气球、纷纷飘落的彩纸、英文和中文的祝福文字，还有生日快乐的音乐和庆祝的爆竹。

规划

相比之前的案例，这个贺卡的制作要简单些，角色之间的相互联系并没有那么多，里面只有最基本的顺序关系：歌曲播放之后再放爆竹，英文字幕之后再出现中文字幕。所以，你只需要把每个角色的动作设计好，然后组合在一起

就可以了。

6.2 舞台和角色

我们为贺卡添加的舞台背景和角色如下图所示。舞台的背景是 Scratch 提供的，蛋糕角色、气球角色也都是 Scratch 里现成的。字幕 1、字幕 2 和彩纸角色的造型是我们自己绘制的，只有烟花角色的造型需要从本案例下载。

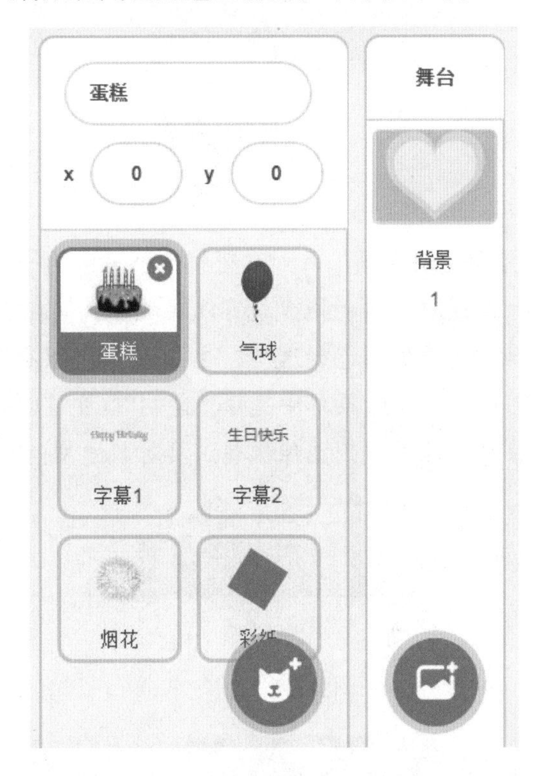

字幕 1 和字幕 2 我们就不解释如何制作了，小朋友应该自己能够完成。为了让彩纸这个角色的效果更加炫丽，我们在这一个角色里提供了几个不同颜色的造型，小朋友也可以自由发挥。

TIPS 技巧：角色复制、代码复制、造型复制

上一章，我们介绍过角色的复制，通过下图所示操作复制的是整个角色，造型、代码都会复制过来。在需要多个表现功能、外形都类似的角色时，这个技巧非常方便。

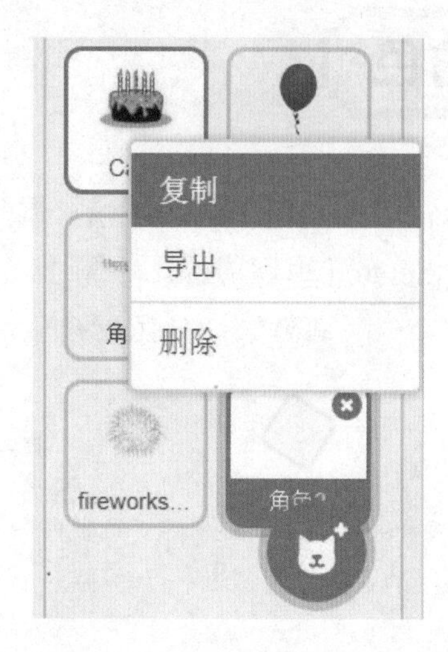

有时，你可能只需要复制代码，比如希望把一个角色的一部分代码块复制到另一个角色的代码区域，这通过简单的拖曳就可以实现，我们在前面也有过介绍。

还有的时候，你只希望复制角色的造型，这在 Scratch 里也是很方便的。右键单击角色的造型，在下图所示弹出的菜单中选择“复制”，就可以快速为这个角色复制出一个新造型。接下来的步骤是利用图像编辑工具对新造型做适当的改变。

总之，在 Scratch 里，对不同层面的内容有不同的复制方法，小朋友要善于利用这些工具。

最后，别忘了我们还需要提供两个声音文件，一个是生日快乐的音乐，一个是烟花爆竹的声音，这些也要从案例中下载。准备好这些素材，我们就可以开始制作代码了。

TIPS 技巧：下载素材

上传素材我们前面提到过，在造型页、声音页、或者背景页，单击“上传”按钮即可，如下图所示。

下载素材也类似，可以单独下载造型，单独下载声音，也可以下载角色，方法也是在相应的元素上面右键单击，在弹出的菜单项中选择导出。下图是右键单击一个角色时弹出的菜单项，单击“导出”，选择要保存的位置后，就能把这个角色下载下来，包括它的造型、代码、声音。

6.3 生日贺卡的代码实现

舞台的代码

我们先看舞台的代码，它的功能比较简单，让贺卡一开始运行就播放“生日快乐”的音乐，代码如下。其中最后一条广播语句的作用是在音乐播放完成之后，通知爆竹开始下一步动作。

爆竹角色的代码

接下来就看看爆竹的代码。它整体分成两部分，代码块 1 负责复制出 6 个爆竹，代码块 2 让每个爆竹在随机位置爆炸，并播放爆炸的声音。

这里面要重点介绍的是 2.1 部分代码块，它在循环语句中组合使用“大小”和“虚像”特效，让爆竹呈现出从小到大爆炸再消失的动画效果，小朋友们需要自己好好地理解和尝试一下效果。当然，你也可以在任意一个角色造型（比如小猫）上尝试一下 2.1 代码块的效果。

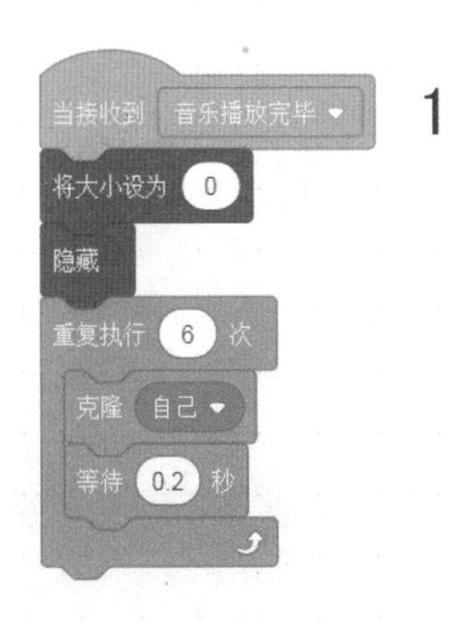

2

当作为克隆体启动时
移到 x: 在 -170 和 170 之间取随机数 y: 100
清除图形特效
显示
播放声音 firework_distant_explosion
重复执行 10 次
将大小增加 10
等待 0.1 秒
将 虚像 特效增加 10

2. 1

蛋糕角色的代码

再看蛋糕的代码块。仔细观察，蛋糕上的蜡烛火焰也是带有动画效果的。实际上，Scratch 为蛋糕提供了两个造型，一个是蜡烛点燃的，一个是蜡烛熄灭的。我们没有使用蜡烛熄灭的造型，而是复制了蜡烛点燃的造型，并且给每个蜡烛火焰分别做了小的旋转，制作了其他几个造型，以便让蜡烛出现“火焰闪动”的动画效果。它们的造型和代码分别如下图所示。

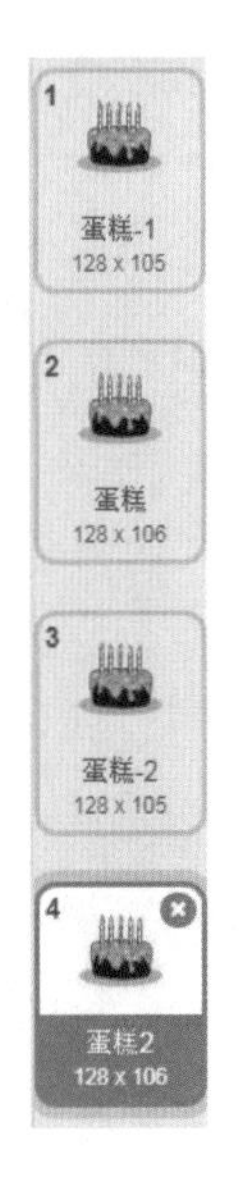

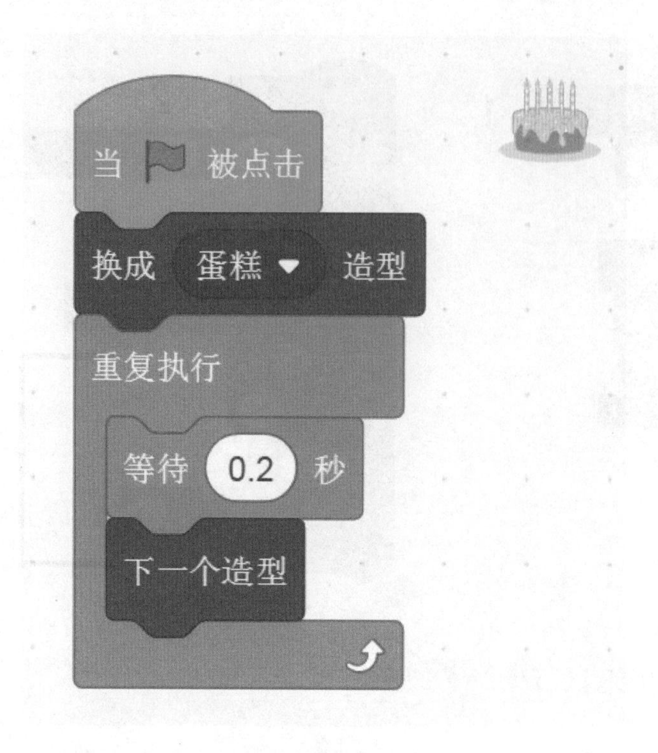

NOTICE 注意：实现动画的造型数量

我们要让蛋糕蜡烛实现动画的效果，比如一个造型让火焰向左偏，一个造型向右偏，还需要两个火焰不偏离的造型，总共 4 个造型。换句话说，动画的效果是这样的：火焰左偏、火焰回中间、火焰右偏，火焰回中间，如此反复循环。

气球角色代码

Scratch 为气球本身提供了 3 个造型，所以我们就直接使用这 3 个造型。代码如下图所示。

代码块 1 依然负责复制气球，只要贺卡程序没有关闭，就一直有新气球被复制出来。

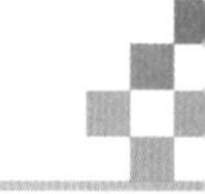

代码块 2 负责让新复制出来的气球从下向上飘起。其中，2.1 让气球颜色更加多变；2.2 让气球最开始是透明不可见的；2.3 让气球从随机位置出现；2.4 让气球边上升边慢慢出现；2.5 让气球上升；2.6 让气球上升到舞台顶部时慢慢消失。

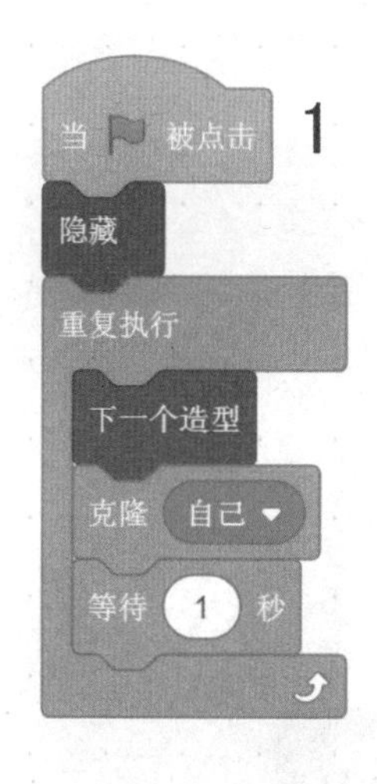

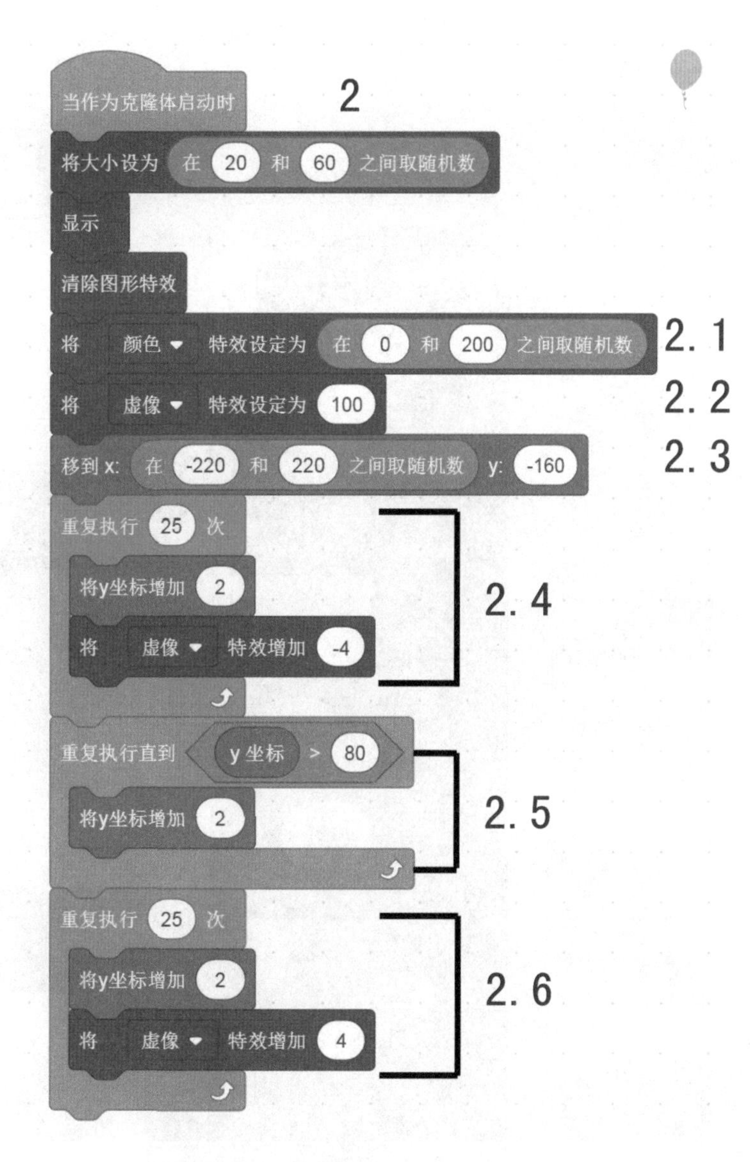

英文字幕角色代码

对于英文字幕的出现效果，我们使用一种“像素化”特效方式，让它从模糊变清楚，代码如下图。代码的最后会广播一个消息。响应这个消息的是中文字幕角色。

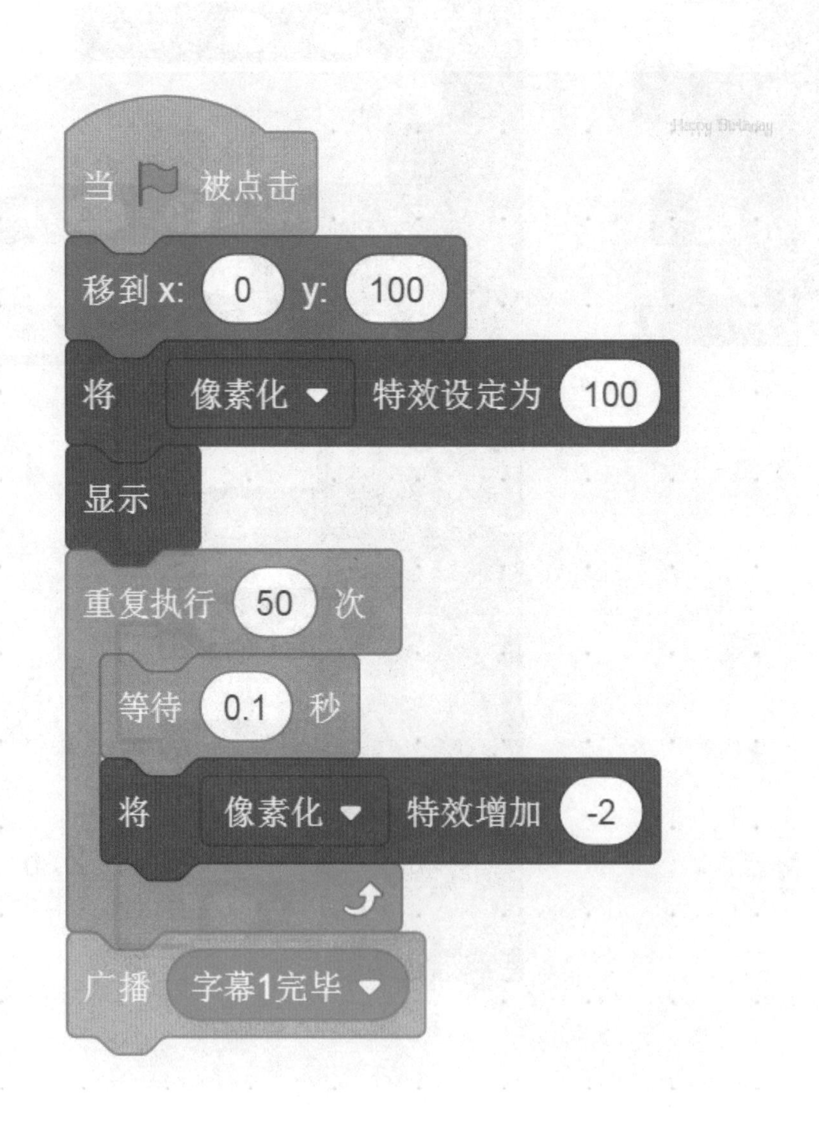

中文字幕角色代码

接收到英文字幕广播出的消息后，中文字幕角色开始运行。它也综合使用了“大小”“颜色”“虚像”这几种特效，当然小朋友也可以尝试自己的特效组合。

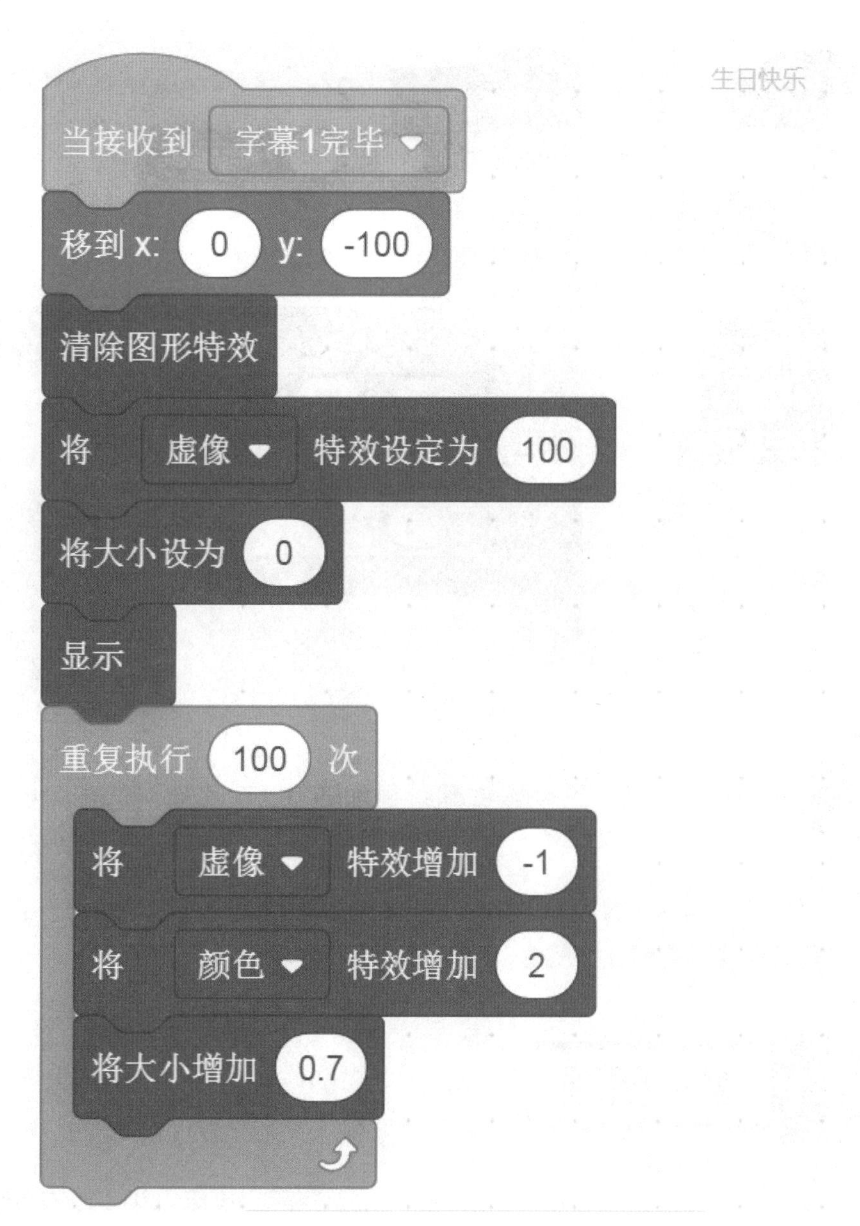

彩纸角色代码

最后只剩下彩纸角色了，它不和其他角色发生关系，完全是独立运行的。贺卡程序一开始它就运行。代码块 1 负责复制出很多彩纸，代码块 2 让被复制的彩纸具有不同的大小，并且从随机位置开始下落，飘落到最下面时隐藏。

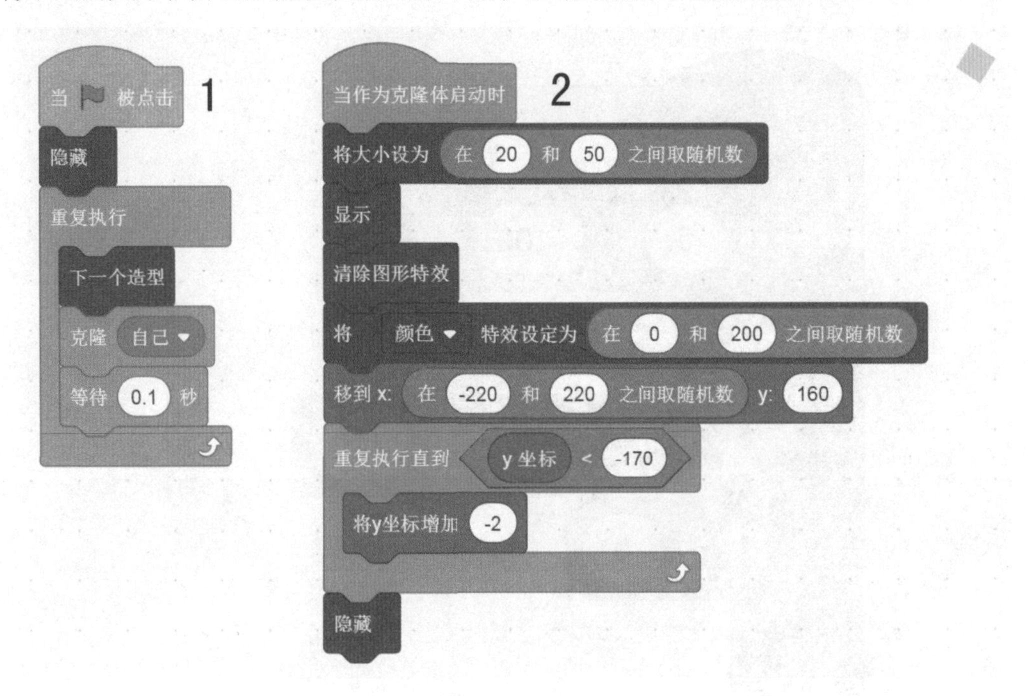

THINK 思考：让彩纸的飘落更加随意

如果能让彩纸飘落的时候随机转动一定的角度，并且 x 坐标也有一定的随机移动，飘落的过程会更加自然随意，想想应该怎样实现？

6.4 重点回顾

举一反三是小朋友需要慢慢培养的能力。积木式的编程工具，好玩之处也就在

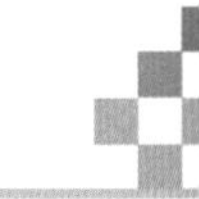

于你可以不断摸索和尝试各种可能，把它真正当成一种积木玩具去玩。

本章我们学习了贺卡的制作，主要利用各种外观特效，结合声音，让多个角色的效果形成配合。通过类似的思路，你还可以打造一些其他类型的应用，比如故事书、知识讲解类的应用。

回顾一下本章重点：

1. 了解各种外观特效的效果。
2. 综合使用多种外观指令，做出动画效果。
3. 学会贺卡类应用的制作，能够下载和上传各种素材。

四则算术运算测试器

本章知识点

本章主要学习以下知识点：

1．学习 Scratch 如何获得用户的输入。

2．学习使用自制积木。

3．进一步熟悉字符串的连接操作。

4．知道如何对代码进行注释。

上一章我们学会了使用 Scratch 制作贺卡，其实， Scratch 也可以帮助小朋友来学习，比如可以用它制作一些小应用来帮你学习英语、数学、语文。

这一章，我们要做一个四则算术运算的测试器。它本身的制作并不难，我们的目的，一方面仍然是让小朋友们能认识到 Scratch 可以制作各种各样的作品，另一方面，是借助这个作品让小朋友学习一些新的指令块。

7.1 任务和规划

Ch7
四则运算
测试器

任务

四则运算是低年级小学生常常要练习的项目，我们需要设定一个最大值，比如100以内或1000以内，之后这个应用就能自动生成一定数量的算式，并且一道道地显示出来进行测试。

这个应用主要包含两个界面，出题界面如下图所示。

测试的界面如下所示。

这里，我们不想花费太多精力放在美化界面上，基本都是利用 Scratch 已经提供的指令，所以在设计上并不复杂。

规划

和界面相对应，这个应用的主要功能也分为两个部分：出题和答题。

1. 出题部分，根据用户给出的最大限值和题目数量，产生随机的四则运算题目。
2. 答题部分，把刚刚生成的题目显示给用户，读取用户的答案，并记录用户答对的题目数量。

7.2 舞台的背景与代码

舞台背景方面，我们需要 3 个背景：出题界面的背景、答题界面的背景、答题结束的背景。我们案例使用了下图所示的已有的三个 Scratch 背景，只是加入了一些简单的提示文字。

本案例中，舞台部分基本没有太多动态内容，它的代码如下所示，基本上不需要过多的讲解。代码块 1 主要是设定各个变量的值，并把两个列表清空。代码块 2 是进入到答题环节后，切换背景并调整变量的显示状态。代码块 3 是测试结束后切换到相应的背景。

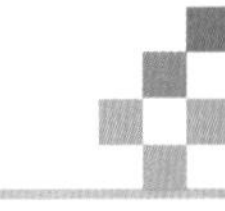

7.3 添加角色及功能实现

本案例中的角色也非常简单，如下图所示，只有两个角色。实际上，箭头这个角色在实际应用中也并不会显示出来，后面你会看到为什么。

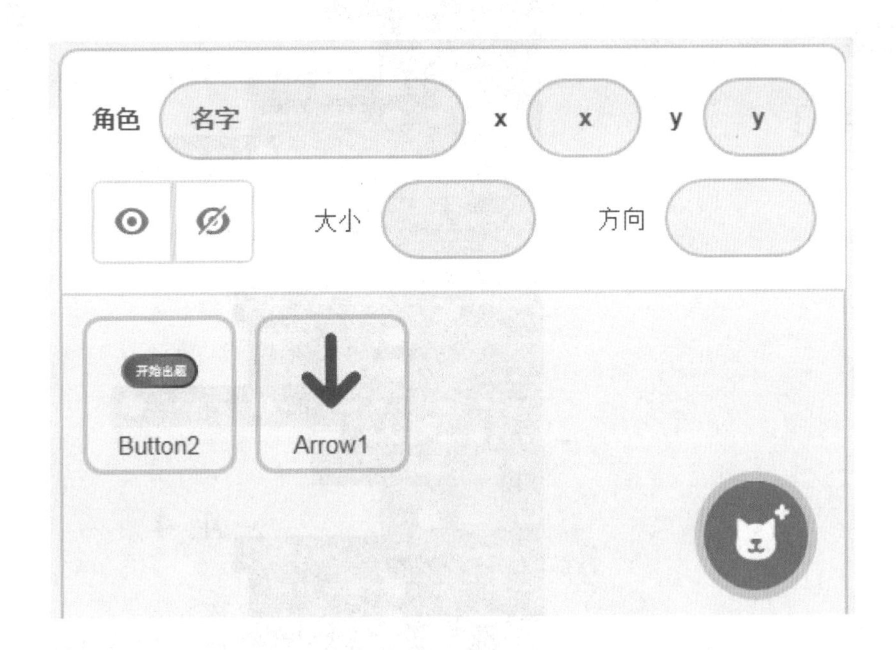

按钮角色代码

按钮这个角色的造型，是在 Scratch 本身的按钮基础上，加入对应文字提示而形成的，我们不再赘述。它的代码如下图所示，代码看起来不少，但其实非常的简单。

代码块 1 在程序开始运行时设定按钮的位置；代码块 2 表示按钮被单击时，在循环语句内部调用自制积木块 2.1，生成一定数量的四则运算算式，之后发送“开始答题”的消息；代码块 3 表示进入答题环节后把按钮隐藏掉。

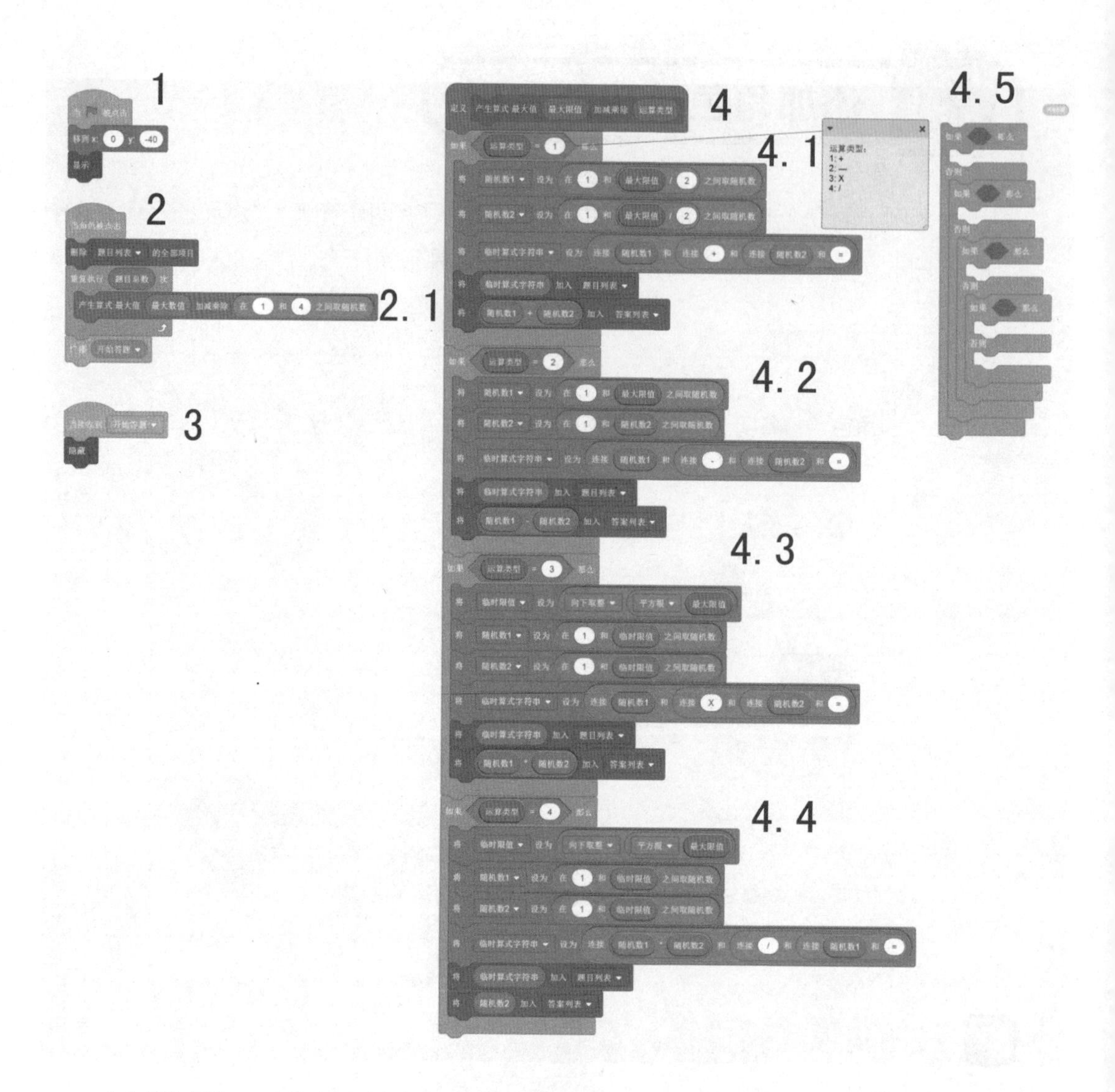

自制积木块 2.1 的定义是在代码块 4 中实现的，它的定义如下图所示。从图中的两个红色框能看出你可以定义两类输入项：数字或文本值，以及布尔值。从中你应该更加能理解 Scratch 对这两类值是有比较严格的区分的，正如下图中它们的形状一个是两侧圆弧的矩形，一个是两侧尖角的矩形。另外还可以添加文本标签，这是为了让自定义积木名称更加容易理解，比如下图中积木块中的文本 “加减乘除”就是说明性的文本。

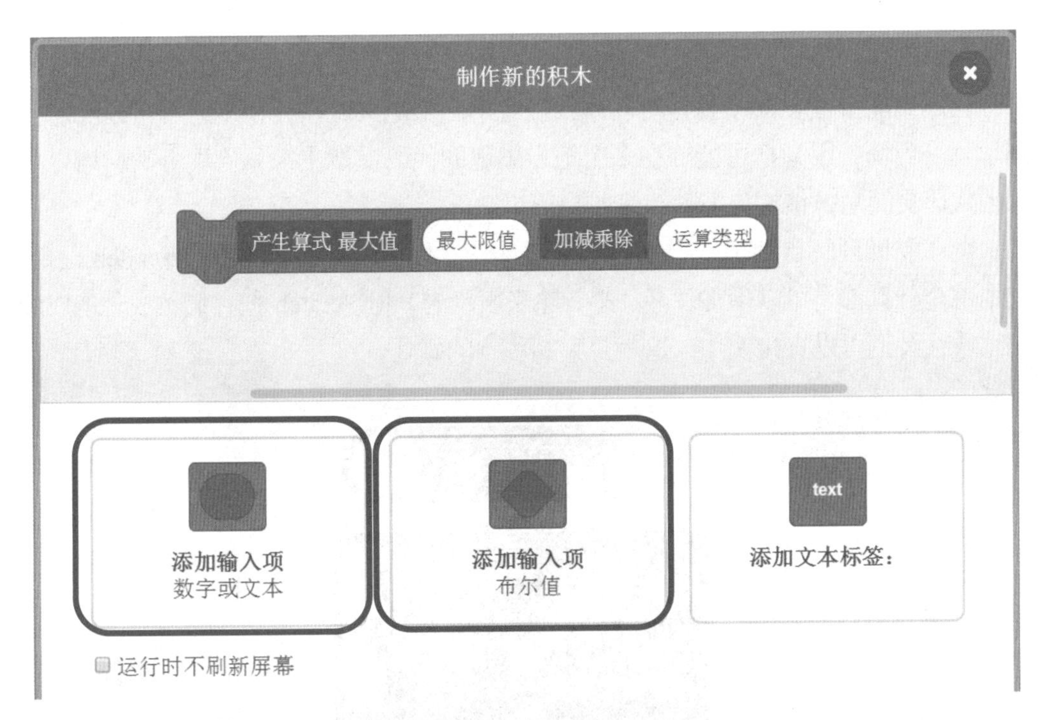

在自制积木的代码定义 4 中，其实是分了 4.1～4.4 的四个部分，分别产生加、减、乘、除四类算式，并且要保证所出现的算式限制在最大限值之内。这是如何保证的呢?

4.1 的加法运算，我们很简单地让两个数字都不大于最大值的一半；4.2 的减法运算，我们先生成一个随机数，再生成一个更小的随机数；4.3 的乘法运算，我们使用了一个平方根运算，再使用一个向下取整运算，这可能超出低年级小朋友的数学范围了，可以暂时不用追究；4.4 的除法运算，我们仍然使用 4.3 的方法，先产生乘法运算，再把乘法运算变换成除法运算。

NOTICE 注意：更合理的取值

在 4.1 产生加法算式的代码块中，我们采用了比较简化的方法，其实还有更合理的方法，比如把第一个数字取“0～最大值”之间的随机数，之后第二个数字取“(最大值-第一个数字）～最大值”之间的随机数。小朋友可以尝试一下如何实现。

下面进一步解释一下自制积木这个技术。在真正的编程语言里，这就是自定义

函数的概念。为什么要自己定义一些函数呢？一方面，可以一次定义多次使用，这部分程序可能会被多次用到，所以单独把它拿出来定义，在任何地方都可以随时使用。另一方面，因为把可能要在多个地方出现的代码提取出来只实现一次，所以程序的代码更简短，结构更清晰，维护更简单。

为了帮助理解自制积木（或是函数）的好处，你可以观察下图中的 Scratch 指令，其中每个计算都是可以用加、减、乘、除来表示的，但 Scratch 把它们做成了现成的积木块让我们可以直接使用，这就是自制积木的好处。

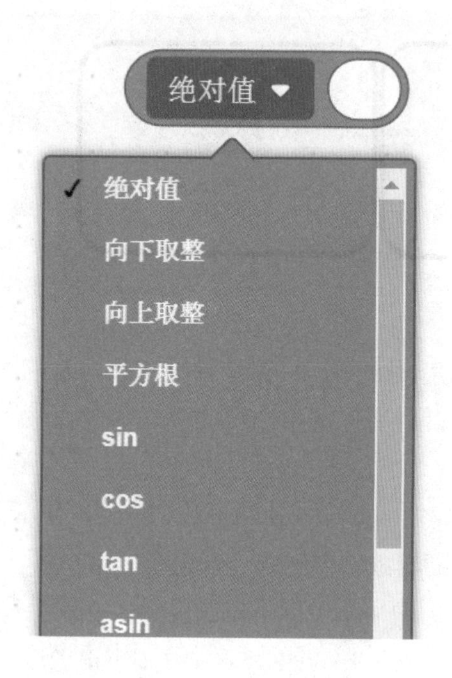

自制积木的 Python 语句对照

在 Python 或其他大多数编程语言中，自定义函数都是最基本的结构，它就对应着 Scratch 中的自制积木。

Python 中对自定义函数的定义以及使用自定义函数的形式如下，它和 Scratch 的自制积木是不是也大同小异？

```
#定义一个自定义函数
def printHello(username):
  print("Hello, " + username + "!")
```

```
#使用自定义函数
printHello("小明")
```

THINK 思考："如果…那么"和"如果…那么…否则"语句的区别

代码 4 中我们用了 4 个"如果…那么"语句，这是为了让它看起来更简单；其实从严格逻辑上来讲，使用类似 4.5 的指令块把几个语句嵌套在一起更合理，小朋友们可以思考一下它们之间的区别。

提示一下，使用 4.5 的嵌套语句，如果运算类型符合第一个条件，执行完第一个条件内的语句后，就会忽略后面的条件判断语句。

但是，在真正的编程语句中，使用右侧的嵌套结构，还是使用左侧的扁平结构，是一种编程风格的问题，而不只是执行效率和逻辑问题。大部分人都认为，采用我们案例中的扁平结构，能让程序更加清晰易读。

NOTICE 注意：对代码进行注释

上面的代码中带有一个浅黄色注释部分，如下图所示。

注释本身的样子就像一个即时贴，它本身对代码没有任何功能上的帮助，但它能帮助你记住代码块的细节含义，让你在一段时间以后再来阅读这段代码时，能很快回忆起指令的具体功能，或者让别人能够理解指令块的意图。比如这里，我们用数字 0、1、2、3 分别代表运算符+、−、×、/，如果没有这个注释，其他人来阅读这段代码时可能就要花费比较长的时间。

注释可简单也可详细，但注释的目的是让别人能够快速看懂，所以不必做没有意义的画蛇添足的注释。

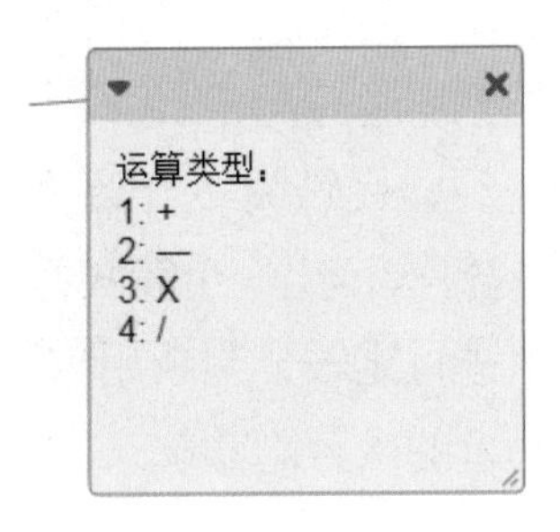

箭头角色代码

箭头这个角色是为了帮助把前面生成的算术题目显示出来，并且等待用户给出回答，所以并不需要把这个箭头显示出来。或者说，你随便引入 Scratch 中的任何一个造型都是可以的，甚至你可以“绘制”一个空白造型的角色。

下面我们来看它的代码，如下图所示。

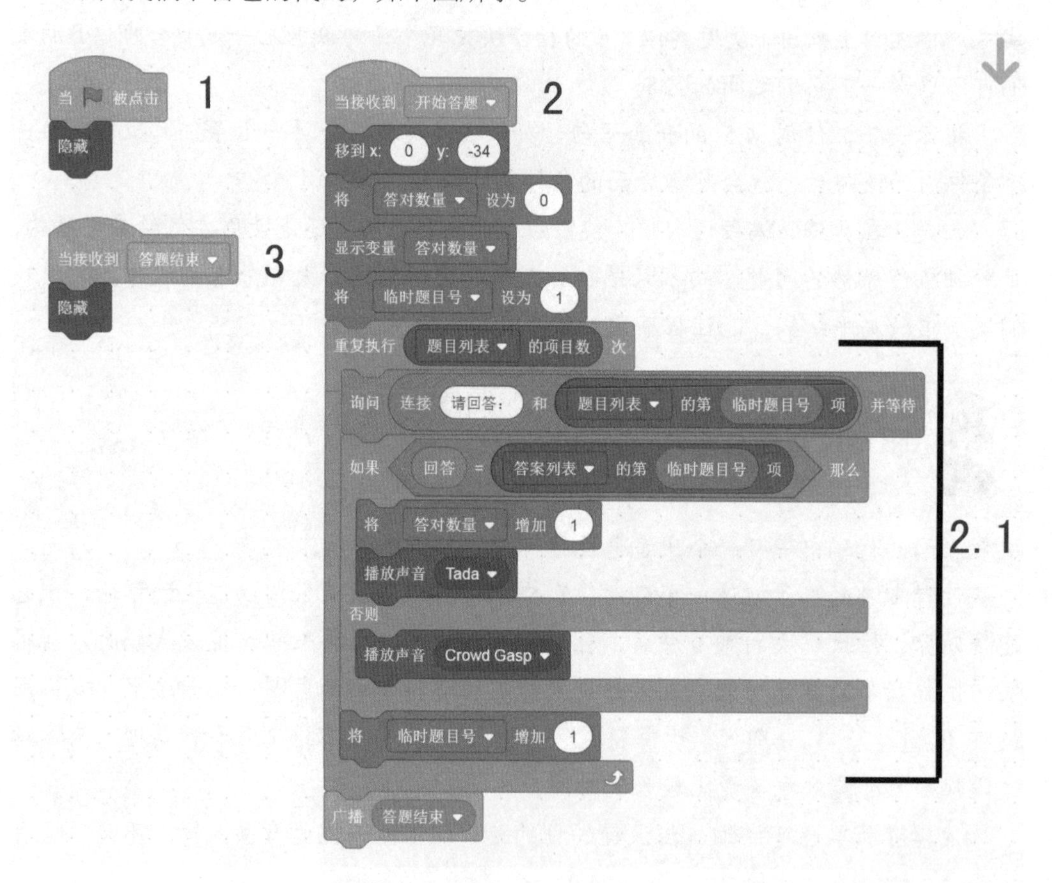

整体看，代码分成三个部分。程序运行后先进入到出题阶段，还不需要这个箭头角色的参与，所以代码块 1 先把它隐藏起来。

在收到“开始答题”的消息后，代码块 2 开始执行。它里面最主要的代码块是 2.1 部分，在这个循环语句中，它每次读出一个算式并显示出来，并且把得到的“回答”和相应的答案列表中的数字进行比较，判断用户答案是否正确。代码块 3 接收到“答题结束”的消息后，把角色的内容隐藏起来。

在“侦测”类指令块中，与用户交互的主要就是下图这两个指令块，小朋友们仔细理解一下，上述代码中是如何使用两个指令块的。

等待用户输入的 Python 对应语句

等待用户输入，在任何编程语言中基本都必不可少，在 Python 中对应上图两个语句，用一条语句就可以实现。

```
#Python中等待用户输入的语句，并把用户输入的字符串赋值给userName

userName = input("What's your name?")
```

NOTICE 注意：等待用户输入与等待用户控制的区别

这里的用户输入和前面几章等待用户鼠标单击或者按下键盘不太一样。

前面的交互，更多是等待用户对程序运行的控制；而这里是需要用户输入一段文字或者数字，所以有专门的指令来区别。

另外，案例中还使用了一个简单的技巧：出题的时候，除了把题目存储在“题目列表”外，还同时把每个题目的答案存储在了“答案列表”中，它们是一一对应的，用户看不到这个答案列表。

THINK 思考：为什么程序不在用户答题时，计算用户答案是否正确呢？

为了实现需要的功能，我们设计出的方案越简单越好。在出题的环节，每个算式（比如“1+1=”）的样子虽然看起来像是数字类型，但实际上它已经被转换成了“字符串”类型，它是通过“连接”操作把各个字符串连接而成的。

这时，“1”不再是数字，而是一个字符，所以在答题环节，我们也不能直接去计算这个“字符串”的结果，使用一个答案列表去比对结果，不失为一个简捷的提供答案的方法。

7.4 重点回顾

至此，我们就完成了这个四则算术运算出题、答题测试小程序。

这个小案例本身比较简单，当然，你也可以根据自己的需要对它进行一些改进，比如可以控制四则运算的类型等。

通过这个案例，我们接触了一些新的技术，包括：

1. 获取用户的输入。
2. 使用自制积木。
3. 进一步理解程序中数据类型的概念，以及不同类型在使用时的区别。

算 法 篇

本书前面几章内容属于案例篇，我们带领小朋友一起制作了各种类型的作品，包括各种类型的小游戏以及贺卡这种展示性的作品，还包括可以互动的学习测试类作品。

本书后面几章属于算法篇，主要介绍一些程序算法方面的内容，比如递归算法和排序算法。这里不要求小朋友们亲自制作，但希望小朋友们能把案例下载下来，亲自运行和测试，去感受计算机算法的真正魅力。

挑战递归算法

为小朋友编程启蒙而设计的 **Scratch** 具有图形化、积木化的特点，让它学起来非常简单，而且能做一些并不那么简单的事情，比如在实现一些计算机算法时，它也可以很强大。

本章我们就先学习一个非常基础的编程必学概念——递归，并介绍几个典型的递归算法。

本章知识点

本章要掌握的核心知识点包括：

1．理解递归这个概念。

2．理解递归算法的运行原理。

8.1 什么是递归

简单说，程序自己调用自己，就是递归。

小朋友们应该都听过这个故事：

从前有座山，山上有个庙，庙里有个树，树下有个老和尚正在讲故事，讲的什么呢？

从前有座山，山上有个庙，庙里有个树，树下有个老和尚正在讲故事，讲的什么呢？

从前有座山，山上有个庙，庙里有个树，树下有个老和尚正在讲故事，讲的什么呢？

……

再举个例子，如果你把两个镜子面对面平行放置，你会发现每个镜子里都会出现无数多个嵌套的重复的影子。

你有没有发现，这两个例子的共同点是，它们都陷入了“自己包含自己”的循环中？这就是递归。在计算机的算法中，如果一个函数在它的定义中又调用了它自己，那么这个函数就属于递归函数。

8.2 为什么要理解递归

在第 1 章，我们曾经简单介绍过，计算机语言本身就可以用递归来定义，实际上不止计算机语言，我们使用的自然语言也可以用递归来定义。

简单说，用有限的东西去形成无限的东西的时候，往往就离不开递归。你看，英文字母只有有限的 26 个，但可以组成无数的英文语言；汉字的个数也是有限的，但也可以组成无数的汉语语言。语言，就是典型的可以用递归来定义的结构。

比如我们讲过字符串的连接，任何两个字符串通过连接语句，都可以连接成一个新的字符串。这本身就是一个递归的定义，因为你用字符串定义了字符串，本身就是自己调用自己了。对于新形成的字符串，你仍然可以把它看成是一个普通字符串，它可以继续被连接。通过多次这样的“连接”，可以形成任意长度的新字符串，比如我们在第 2 章见过的指令块，如下图所示。

当然，通过各种数学操作，你也可以理解递归的含义。如下图所示，“或”操作的左右两侧是两个表示真假值（布尔值）的语句，至于每个语句是怎么组成的并不重要。当然，每个语句都是从最基本的语句经过一步步操作形成的，每步操作之后它就又可以被当作一个基本语句看待。

好了，下面我们还是通过具体例子来理解递归算法吧。

Ch8-1
阶乘计算

8.3 n阶乘计算的递归求解

阶乘计算是理解递归问题最常使用的例子，因为它是最容易理解的，但对于初次接触递归的小朋友来说，可能理解起来也不那么容易，因为小朋友可能还没有接触过阶乘的运算。

我们就先看阶乘运算是什么。如果字母 n 代表一个数字，它的阶乘用 n!来表示，它是这样的一组值：

$1! = 1$

$2! = 1 \times 2 = 1! \times 2$

$3! = 1 \times 2 \times 3 = 2! \times 3$

$4! = 1 \times 2 \times 3 \times 4 = 3! \times 4$

……

也就是说，1 的阶乘等于 1；2 的阶乘等于 1 的阶乘乘以 2；3 的阶乘等于 2 的阶乘乘以 3，依此类推。

有没有发现，n! 的定义本身就可以用递归定义来表示：$n!=(n-1)!\times n$，其中，起始条件 $1!=1$。

n 阶乘的代码块

程序的效果如下图所示。小朋友可以通过右上角的滑块选择 n 的取值，之后单击绿色按钮，中间的计算结果都会保存在左上角的列表中，包括最终的阶乘值。

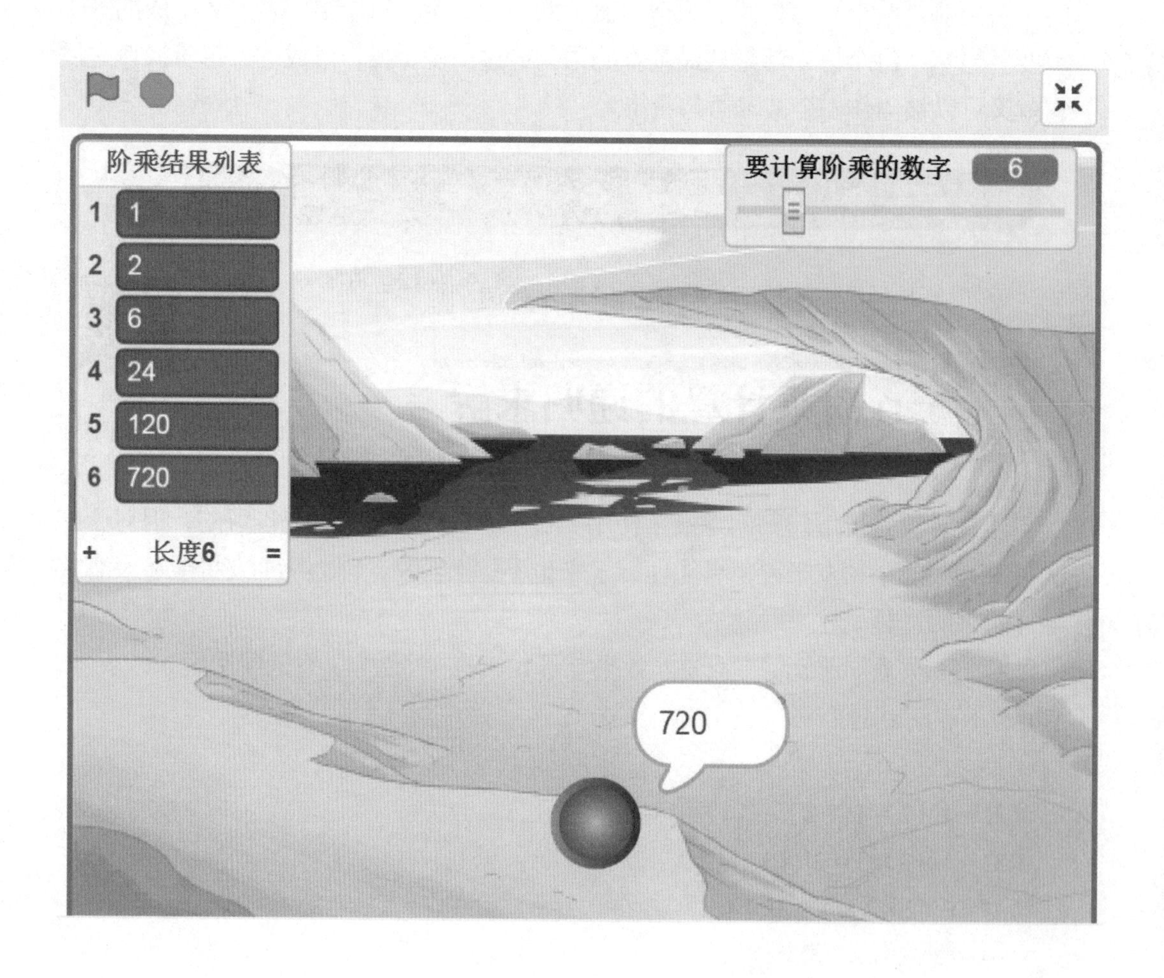

这个程序，除了一个带有背景的舞台外，只有按钮这一个角色，它的代码也非常简单，如下图所示。

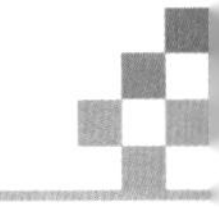

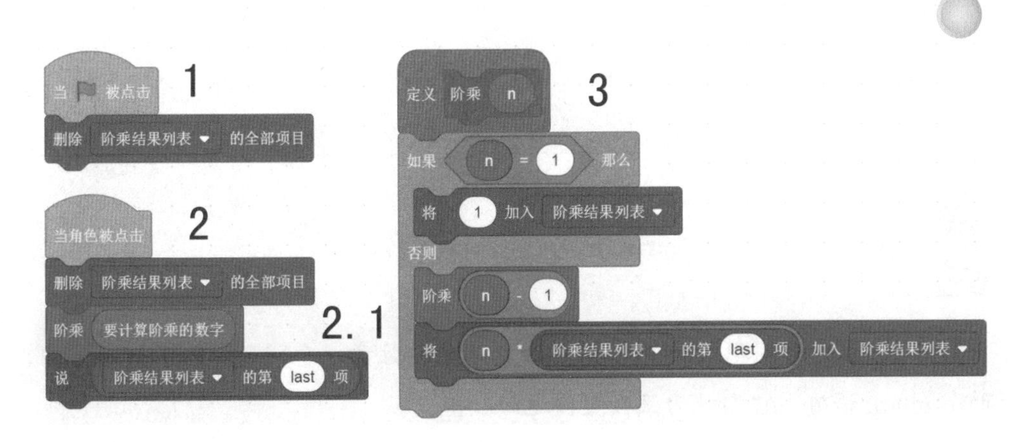

没错，就是这么简单。真正通过递归求解 n! 算法的，只是上图中的代码块 3。指令 2.1 调用了自制积木语句，代码块 3 是对这个自制积木的定义。

代码块 3 中，自制积木本身的名称是“阶乘 n”，它的定义内部也调用了自己，只是参数变成了“n−1”。我们再看它具体的定义，如果 n 等于 1，就把结果 1 加入列表中；如果不等于 1，就调用自制积木本身计算 n−1 的阶乘，再计算(n−1)! × n，这和前面给出的数学定义几乎完全一样。

这里要补充一句题外话，小朋友想学好编程，先要把数学学习好，因为从这个例子也可以看出来，如果你理解了一个运算的数学原理，那么编程只是从数学语言的表示变换到计算机语言的表示。

n! 的 Python 对应语句

Python 语言定义和使用递归的阶乘运算函数的方式如下。你会发现，Python 语言和 Scratch 积木指令块基本上是一样的。就像我们说过的，尽管编程语言有所不同，但它们内部的算法都是一样的。

```
#定义阶乘运算函数，函数内部自己调用了自己
def factorial(n):
    if n==1:
        return 1
    else:
        return n*factorial(n-1)
```

```
#调用递归函数
factorial(6)
```

NOTICE 注意：Scratch 函数没有返回值

对照 Scratch 自制积木和 Python 函数，我们要注意一个问题：Python 语言中，有两个 return 语句，它们就为函数直接返回数值。

但是，Scratch 函数不支持直接返回值，这在功能上是个限制，所以在编程时也需要一些小技巧来解决这个问题。

我们这里是通过一个公用的变量（就是阶乘结果列表）作为中介，让它充当返回值的作用，你可以回头再去理解一下 Scratch 中是怎样使用这个中介的。与 Python 的比较“正宗”的递归函数代码相比较，Python 代码理解起来可能更容易。

8.4 超级巧妙的汉诺塔递归

Ch8-2
汉诺塔

汉诺塔（Hanoi）问题，也是学习编程与算法的必学问题。通过这个问题，小朋友们能看到，利用好递归技术，有时候可以用非常简单的方法解决非常复杂的问题。

我们先弄明白什么是汉诺塔问题。

据说它来自印度一个古老的传说：传说有三根宝石针，其中一根针上有从小到大排列好的 64 个金片，一个僧侣在不断移动这些金片，但任意时刻大的金片都不能放置在小的金片的上面，而且一次只能移动一个金片。据说，一旦这个僧侣把这 64 个金片全部移动到另一根金针上，这个世界就会毁灭。

我们借助下图进一步理解汉诺塔问题，其中有 1、2、3 三个塔，其中的 1 号塔有若干个从大到小的积木块（图中只使用了 8 个积木块，而不是 64 个），每次只能移动一个积木块，并且任何时候上面的积木块都不能大于下面的积木块。问：借助 2 号塔的帮助，把所有的积木块从 1 号塔移动到 3 号塔，应该经过怎样的步骤？

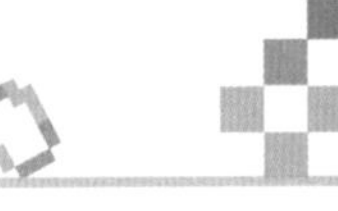

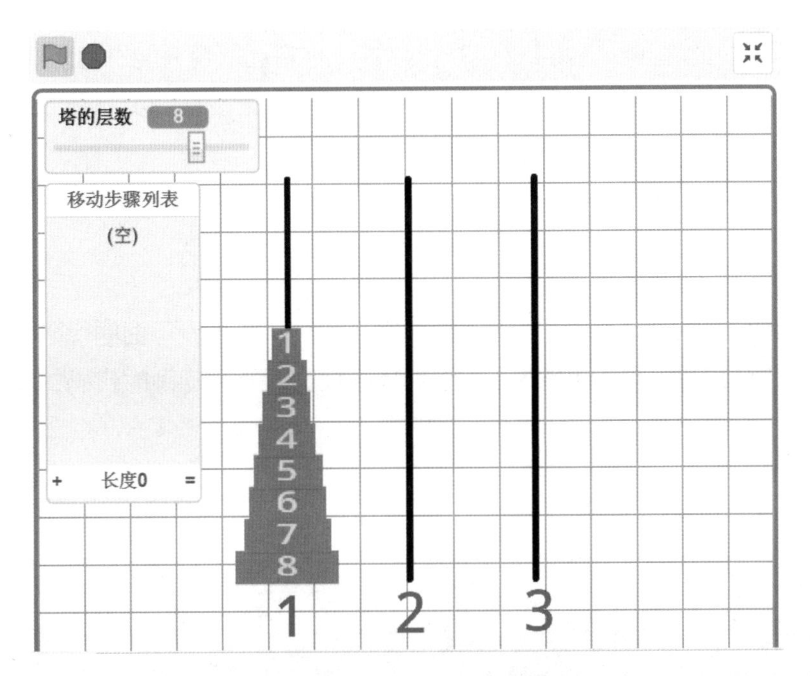

注意这个问题的两个移动规则：①每次只能移动一个积木；②要保证不能有大的积木放在小的积木之上（我们用数字表示了积木的大小，也就是说上面的数字一定要小于下面的数字），比如下图就是其中一个移动瞬间，没有大积木位于小积木之上。

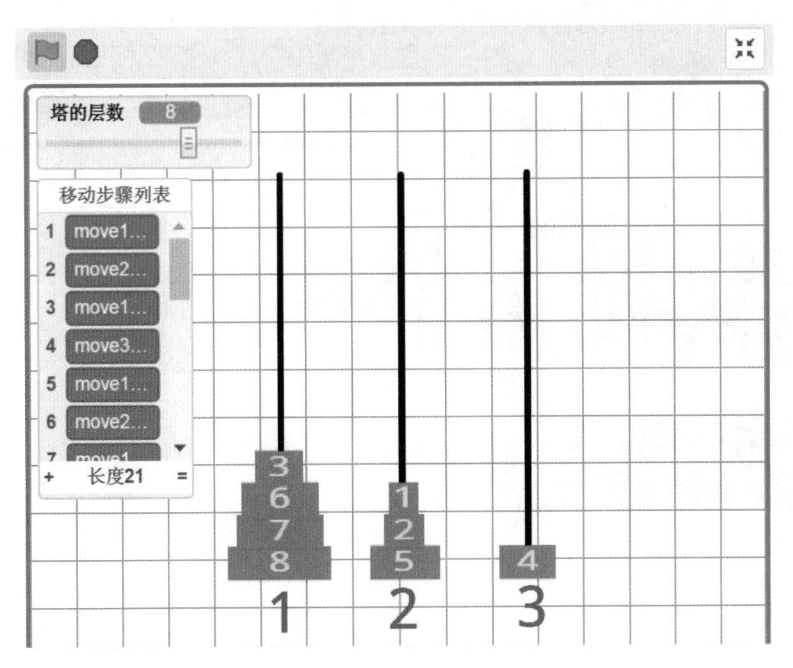

如果积木块比较少，比如1个、2个、3个，你自己很容易能思考出移动的步骤，但如果像上图那样，有8个积木块时，实际上需要的最少移动步数是255步，相信没有多少人能够单纯靠思考得出每一个步骤。

汉诺塔步骤计算代码块

借助程序的递归算法，这个问题却很容易解决。我们看下面的代码块，这里我们只列出了计算移动步骤的代码块，至于其他辅助显示和动画的代码，我们就不在这里展示了。

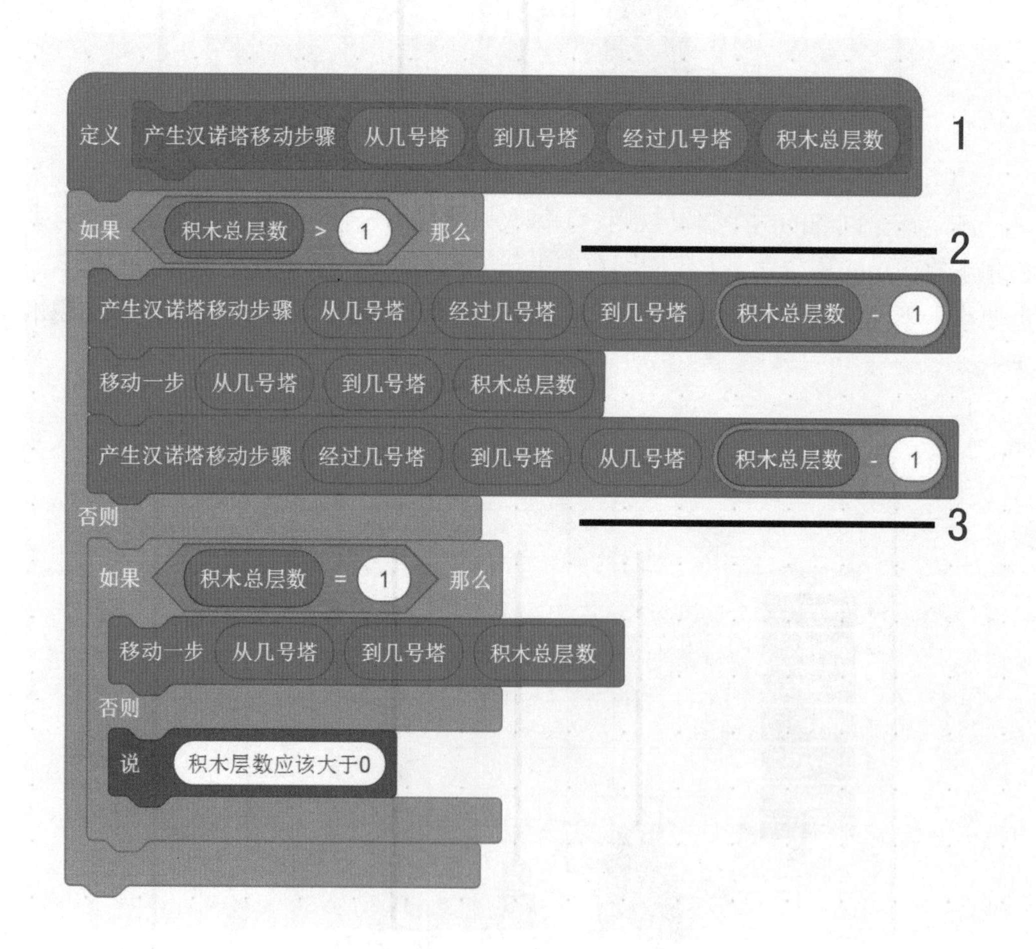

上图代码是一个自制积木的定义部分，它的功能就是对于任意数量的积木块和

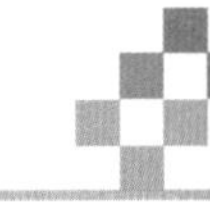

给定的 3 个塔计算出移动步骤。

代码块 1 有 4 个参数，从参数名称的字面意义就能理解其中的含义，小朋友也可以从中感受到自制积木可以被灵活使用的特性。

后面就是具体的计算步骤，简单说，它分为两个条件。如果多于 1 块积木，那么就执行代码块 2，借助目标塔把 n-1 块积木移动到中介塔上，再把剩下的那 1 块积木移动到目标塔上，接下来把那 n-1 块积木借助初始塔移动到目标塔上。

经过这样的递归式分解，原来移动 n 个积木块的问题就变成移动 n-1 个积木块的问题了。继续分解，把它再变成移动 n-2、n-3、……、n-m（m<n）个积木块的问题，直到变成移动 1 个积木块的问题。

好的，如果现在只剩下一块积木了，那么就去执行第二个条件的代码块，直接把它从原始塔移动到目标塔，这个问题就解决了。

我们再借助几张图，帮助理解上面的算法。

首先，下面这 8 个积木块的移动被分解为两个问题，先借助 3 号塔把 1～7 全部移动到 2 号塔上去；再把 8 号积木移动到 3 号塔上去，然后把 2 号塔上的积木块 1～7 借助 1 号塔移动到 3 号塔上来。

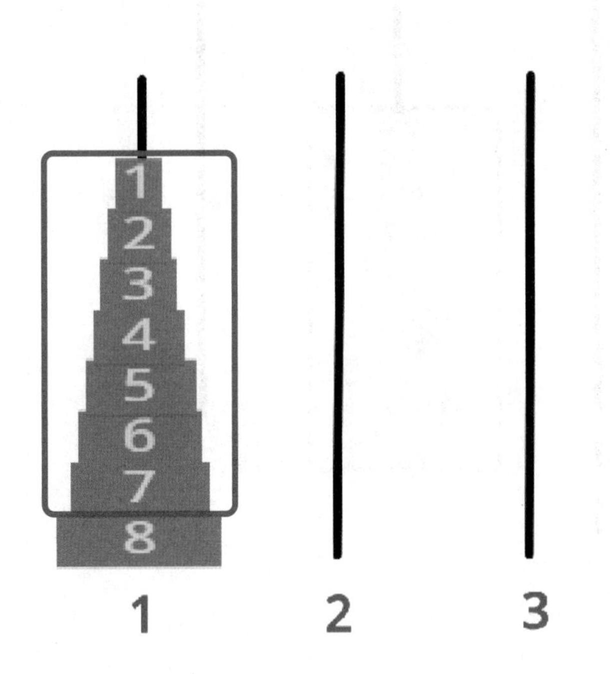

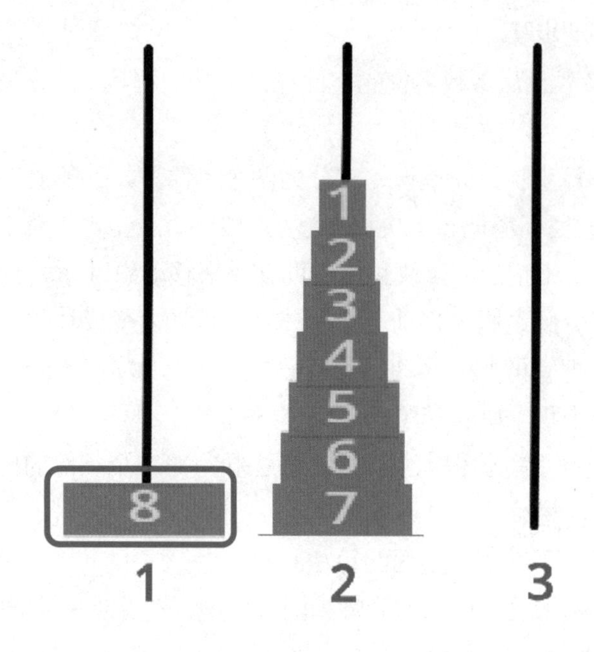
1
2
3
4
5
6
7
8
1
2
3

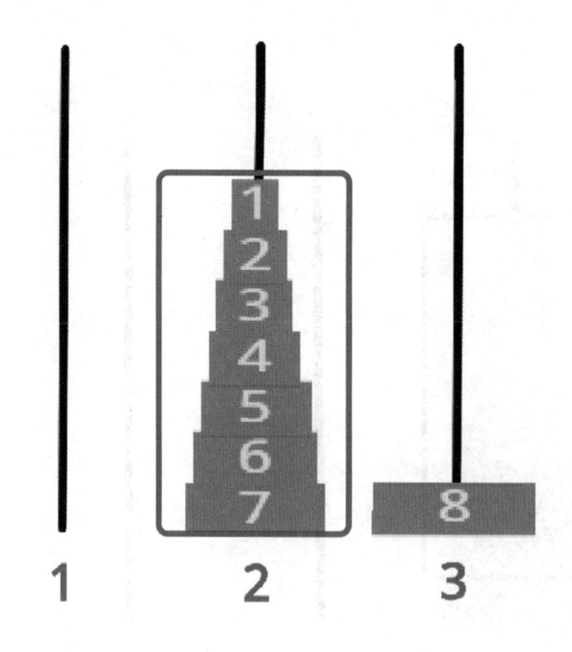
1
2
3
4
5
6
7
8
1
2
3

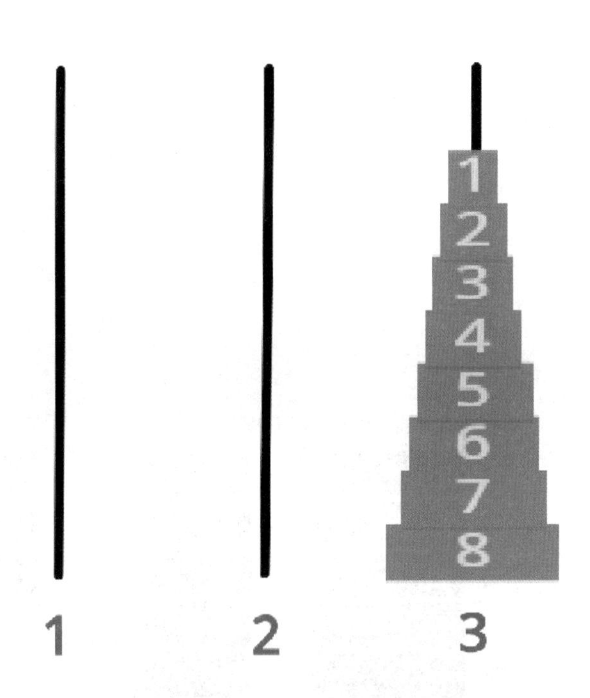

然后，这个问题就变成如何移动两次 1～7 号积木块的问题了。那么继续像上面那样分解，它会转化成移动 1～6 号积木块两次，外加移动 7 号积木块一次。之后再次分解移动 1～6 积木块的问题，这样积木块就越来越少，直到变成移动一块积木，就得到了答案。然后再返回来完成所有的步骤。

要提醒小朋友注意的是，递归算法程序比较简单，但在具体执行的时候，计算机内部需要维持大量的“记忆”，记住每次算法的分解，以便找到答案后的回溯。

不带动画展示的汉诺塔案例实现

除了上面这个带有动画展示的例子，我们还提供了一个不做动画演示的汉诺塔解决方案，它允许使用更多的积木块，最多可以使用 16 层的积木块。如下图所示，我们直接用 3 个列表表示任意时刻每个塔上面的积木块，最左侧是移动步骤的列表。

即便这样，16 层积木也要运行一段时间，而且强烈不建议你尝试 64 块积木的情况，你后面会看到为什么。

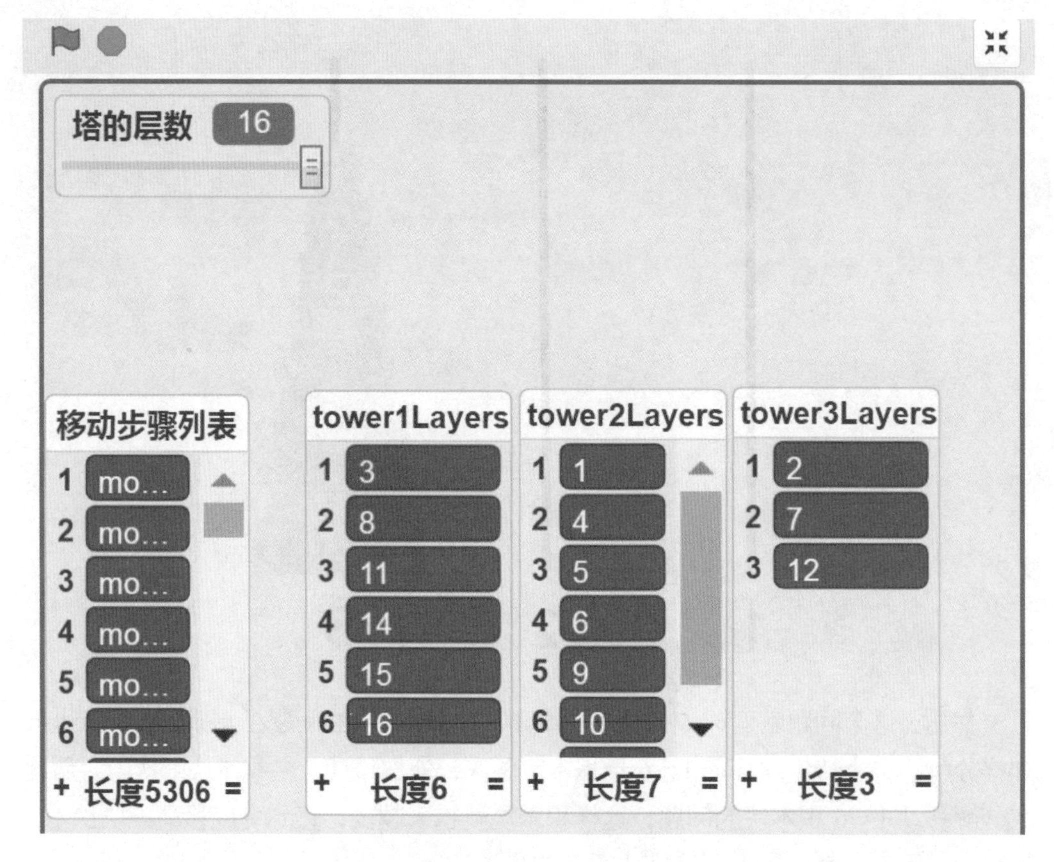

汉诺塔的递归，对于小朋友们来说没那么容易理解，好在我们的案例是带有动画展示的，小朋友们可以下载两个案例，尝试不同数量的代码块，看看程序是如何动作的。

THINK 思考：移动步骤的计算

如果你懂得 2 的 n 次方的含义，那么你也可以计算出积木的移动步数，计算方法也是利用递归方法。

1 个积木块需要 1 步。

2 个积木块，需要移动 1 号积木块 2 次，移动 2 号积木块 1 步，等于 1+1 × 2=3。

3 个积木块，需要移动 2 个积木块 2 次（2 个积木块的移动步数上面已经知道了），再移动 3 号积木 1 次，因此等于 1+2 × 3=7，可以写成 2 的 3 次方−1。

依次类推，n 个积木块的移动步数等于 1+2 ×（n−1 个积木块的移动步数），根据

递归，可以得到步骤就是 2 的 n 次方−1，数学上可以写成 2^n-1。

如果你对没 2^n 没有什么具体概念，我可以给你继续列出几个值:

4 个积木块时，$2^4-1=15$ 步。

5 个积木块，$2^5-1= 31$ 步。

...

10 个积木块，$2^{10}-1=1023$ 步。

20 个积木块，$2^{20}-1=1048575$ 步。

30 个积木块，$2^{30}-1=1073741823$ 步。

……

传说中，那个僧侣移动的 64 个积木块，需要的步数是 $2^{64}-1$，结果是一个 20 位的数字。

如果你还对这个 20 位的数字是多大没有什么概念，那么我们可以计算一下。假设每秒钟移动一次积木块，而且每个步骤都像计算机算出来的那样是完全正确的，也需要将近 6000 亿年的时间。这下，你完全不用担心了，因为地球到现在也才不到 50 亿年。

现在，你能感受到递归和算法的力量了吧，只需要这么简单的几句代码，它就可以求解这种量级的问题，当然要计算机能够支持才行。

汉诺塔的 Python 对应语句

以下是 Python 语言使用递归函数计算汉诺塔移动步骤的代码，实际上，这段代码是完整的、可以运行的，虽然它没有动画效果，但它可以打印出每一个步骤，以及最后的移动步数统计。

```
#定义汉诺塔的移动函数，函数体内调用了自己，所以是一个递归函数
steps = 0
def hanoimove(n,t1,t2,t3):
    global steps
    if n==1:
        print("move from " + t1 + "to" + t3)
        steps +=1
    else:
```

```
        hanoimove(n-1, t1,t3,t2)
        hanoimove(1,t1,t2,t3)
        hanoimove(n-1, t3,t2,t1)

#测试10个积木块要移动多少步
hanoimove(10,"1号塔","2号塔","3号塔")
print(steps)
```

8.5 重点回顾

本章我们介绍了递归这个重要的概念，并通过两个典型的例子展示了递归算法的工作原理和工作过程。小朋友们不需要自己实现这样的递归算法，但希望能对递归的思想有所认识和感受。这能为小朋友未来更进一步学习真正的编程语言、掌握计算机算法的思想预先打下一些基础。

总之，通过本章的学习，小朋友应该有下面一些收获。

1. 了解递归的概念和作用。
2. 通过运行提供的案例，对递归算法的整体工作原理有所了解。

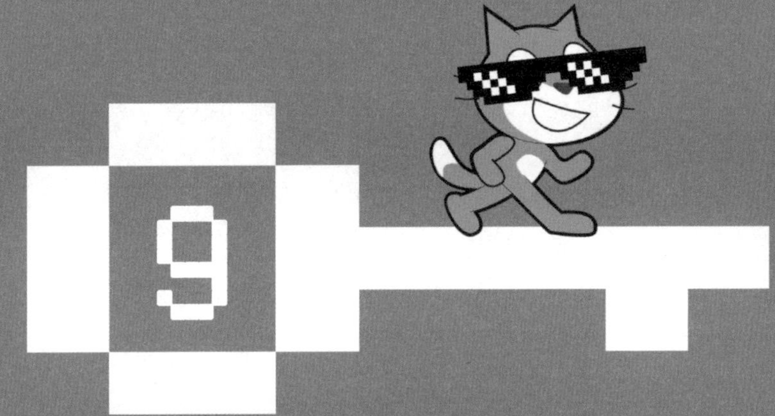

通过动画感受各种排序算法的不同

本章知识点

本章的核心知识点包括：

1．理解排序的重要性。

2．了解几种基本排序算法的核心思路。

把一组打乱顺序的数字快速排序，这也是基础的计算机算法内容。在第**2**章，我们其实就已经接触了一种简单的排序方法：将一个新的数字插入列表时，就是把它插入到符合小大顺序的合适位置上。

这一章，我们展示几种基本的排序方法，也不要求小朋友们自己去制作这些程序，但强烈建议小朋友们把案例代码下载下来，去运行和感受一下不同算法在运行时的区别。这一章的案例，我们特别通过两种动画的方式，让小朋友们对不同算法的运作方式、运行复杂度有非常直观的感受。

9.1 排序算法的重要性

Ch9
各种排序算法

简单来说，计算机程序由两个重要部分组成：算法和数据。

计算机擅长存储和处理大量的数据，而对数据进行排序，也就是最基础的算法之一。排序又有很多种算法，它们有各自的优缺点，本章我们就展示几个常用的排序算法。

为了让小朋友充分感受不同算法的不同思路，我们在本章提供了两个案例，分别采用不同的动画展示方式。

先看看本章第一个动画案例的界面，下图是它运行后绘制了 50 个坐标点的效果，它根据左上角的列表长度值，生成包含相应个随机排列数据的列表，并且把这些数据绘制在这样一个二维空间里。

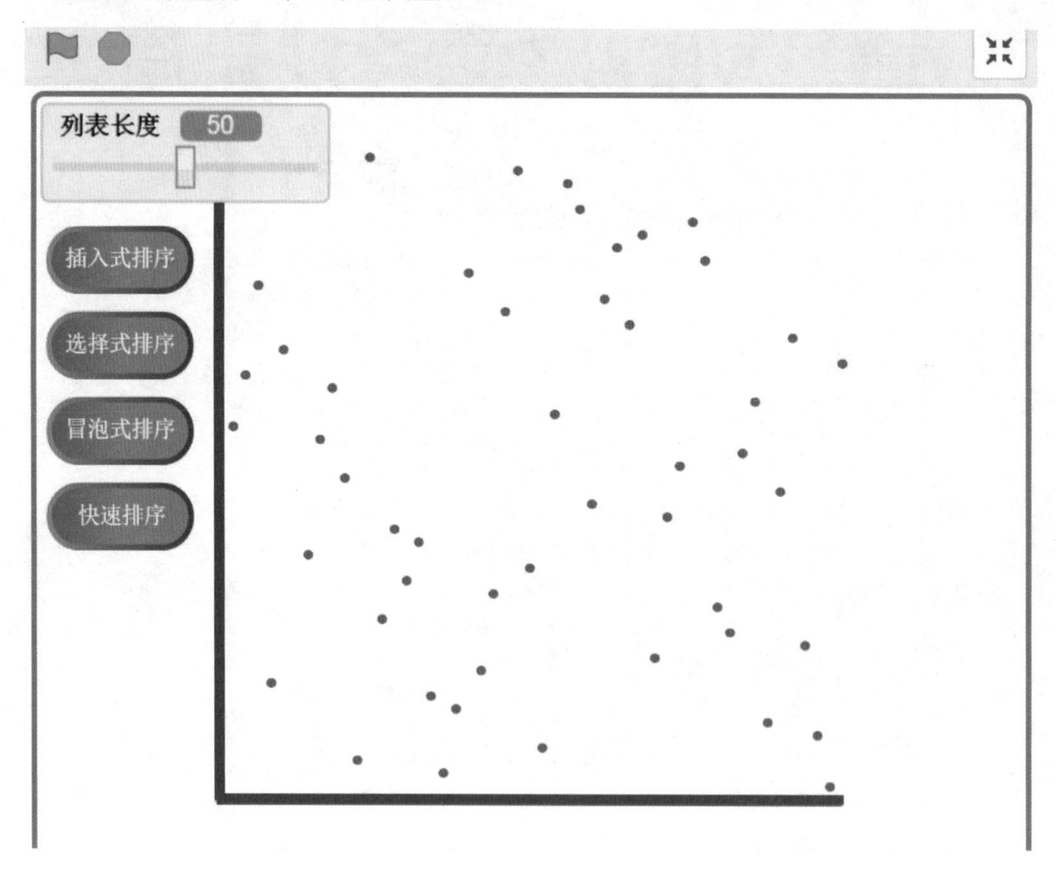

小朋友要理解一下这个二维空间的含义。

横坐标轴我们可以看成是这个随机数据列表的索引，比如第 1 个单元格、第 2 个单元格、…、第 50 个单元格，纵坐标轴可以看成是每个单元格的具体取值。如果横坐标取 1，坐标点纵坐标的取值就是列表中第 1 个单元格的值。所以，如果列表由小到大按顺序排列，这些坐标点应该是从左到右上升排列而没有例外，如下图所示。

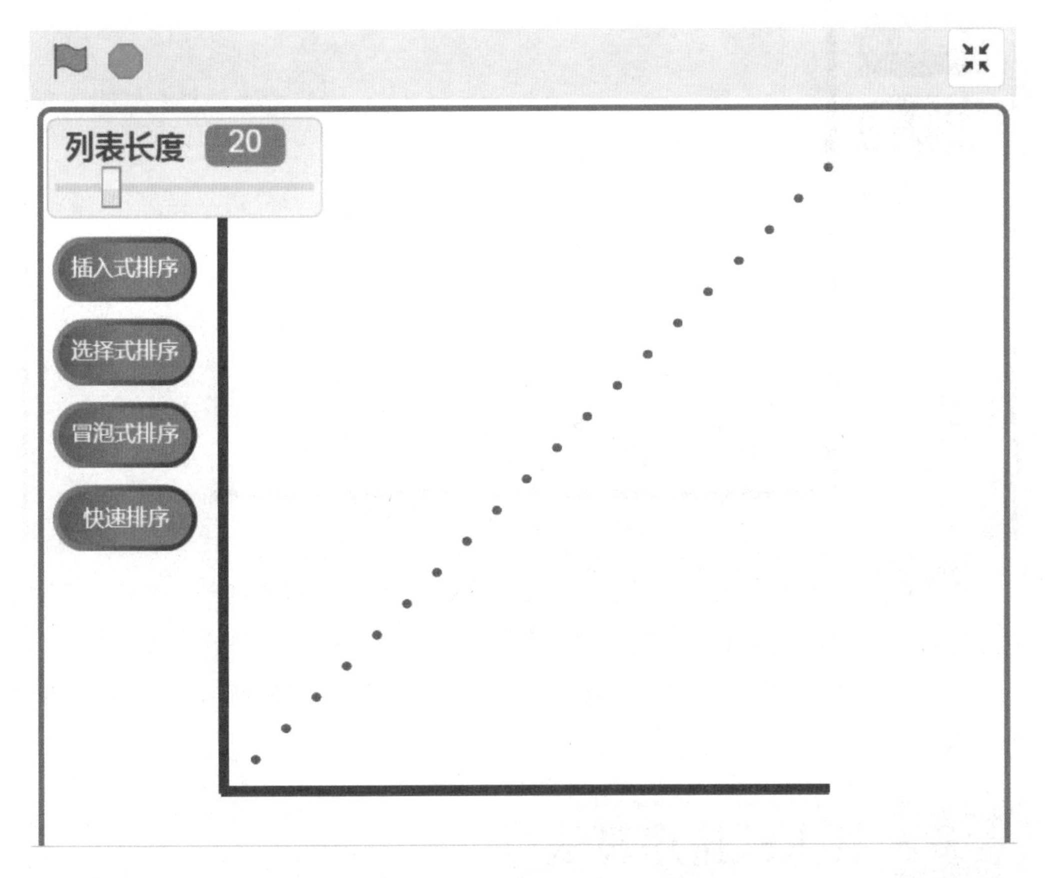

我们这个案例就是要把散乱的列表数据按照顺序排列好，在图中的反映就是把散列点变成从左向右的上升排列。

舞台的左边提供了 4 个按钮，单击不同按钮，程序就会按照不同的排序算法进行排序，每次被移动的数据点会通过放大的红色圆点表示出来。比如下图是第一个插入式排序算法正在运行，其中红色点正在移动。

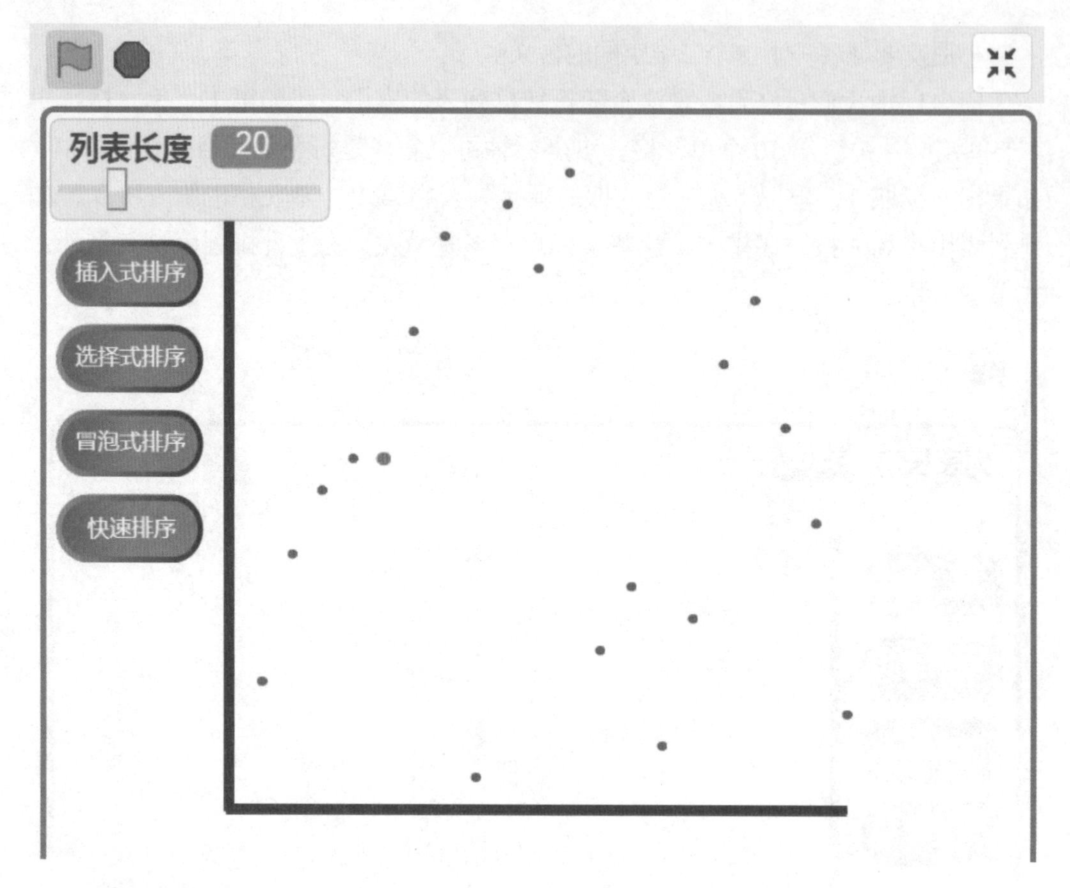

采用不同的排序算法，它们的排序过程都各不相同，数据点移动的方式也不同，但达成的结果都是一样的，就是让数据点呈现出严格的从左向右上升趋势。

下面我们就来看看每个算法的原理。为了让小朋友更容易理解，我们主要通过图示来讲解。

9.2 插入式排序算法

插入式排序算法的原理比较简单。

从列表的第 2 个数字开始，它要和它左边（下图中就是上边）的数字做比较，如果左边的数字比它还大，就相互交换位置，直到左边的数字比它小为止。

之后开始操作后面的第 3 个、第 4 个，直到最后一个数字。从动画效果上看，就像把后面的数字依次向左交换和移动，直到插入了合适的位置为止。

下图是它具体的排序过程，其中算法正在操作的单元格用浅黄色来标识。

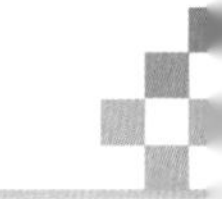

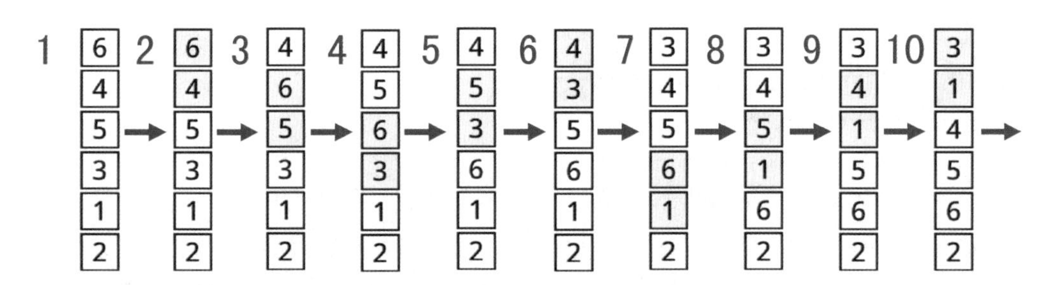

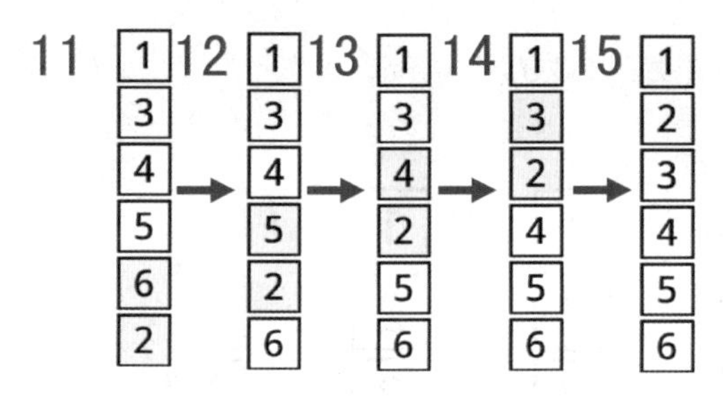

状态 1，排序开始，第 1 个元素是 6，暂且认为它是处于合理的位置。

状态 2，从第 2 个元素开始，和前面的元素做比较，如果前面的元素更大，就互换两个元素，这里的 4 和 6 就要互换，得到后面状态 3 所示结果。

状态 3、4 已经到了第 1 个元素，不再需要比较了，现在开始操作第 3 个元素，就是 5，它和前面的第 2 个元素比较，需要互换 6 和 5 的位置，得到状态 4 所示结果。

状态 4，刚才的元素 5 换到了第 2 个单元格，和前面的元素 4 比较已经不需要更换位置了，现在该看第 4 个单元格的元素 3 了，它经过几次比较和交换，一直换到上图状态 7 所示的第一个单元格位置。

状态 7，开始移动第 5 个单元格元素 1，它也是每次和前面单元格交换一次位置，直到状态 11 时把它移到第 1 个单元格为止。

同理，从状态 11 开始操作第 6 个单元格的元素 2，它也是要一直向前交换，直到移动到第 2 个单元格为止，如图中的状态 15，排序结束。

能看出来，插入式排序算法和第 2 章的排序非常类似。这里的排序原理也是每次都拿出一个元素，并把它插入左侧合适的位置上；所有的元素都被操作过之后，就得到了严格排序的列表。你需要仔细理解一下这个排序的原理。

9.3 选择式排序算法

选择式排序算法也很好理解，从第一个元素开始，每次都先搜索它后面所有元素的最小值，并且进行相互交换，因此，第一次交换就把最小元素移动到了第一个单元格，后面每一次移动都把剩下的最小元素（第二最小元素、第三最小元素、……）依次移动到后续位置，从而很快完成排序。具体动作如下图所示。

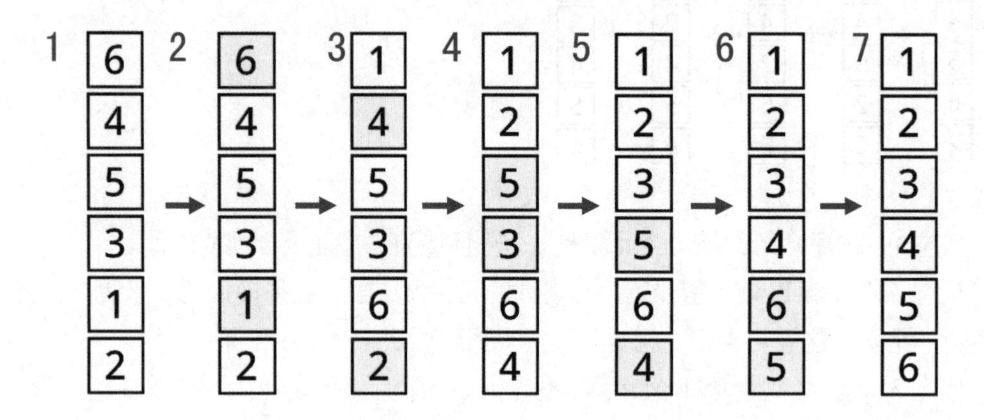

在起始状态 1 时，它先寻找第 1 个单元格后面最小的元素，并且与第 1 个单元格的元素 6 做比较，如果更小就交换。

到了状态 2，它找到了元素 1，并且准备和第 1 个单元格进行交换。

状态 3，第一次交换完毕，它继续以第 2 个单元格的元素为基准，找到了后面的最小元素 2，并且准备交换。

到了状态 4，4 和 2 交换完毕，现在以第 3 个单元格为基准，找到了后面的最小值是 3，准备交换。

交换之后来到了状态 5，现在的基准单元格是元素 6，它准备与后面的最小值 5 交换。

交换完毕后，来到了状态 6，现在基准单元格已经是列表的最后一个元素，排序完毕。

从上面状态图中状态 3、4、5、6 等前几个单元格的变化，我们可以清楚地看到，

选择式排序的原理是，每次都找到未被排列的最小元素并按顺序排列。

9.4 冒泡式排序算法

顾名思义，冒泡式排序就像冒泡一样，每一次排序都把所遇到的最大数值向右（或者向下）“冒泡”，我们结合下面的示意图进行解释。

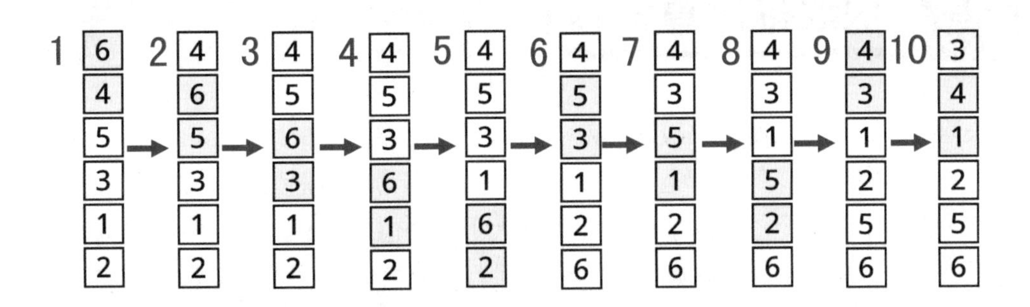

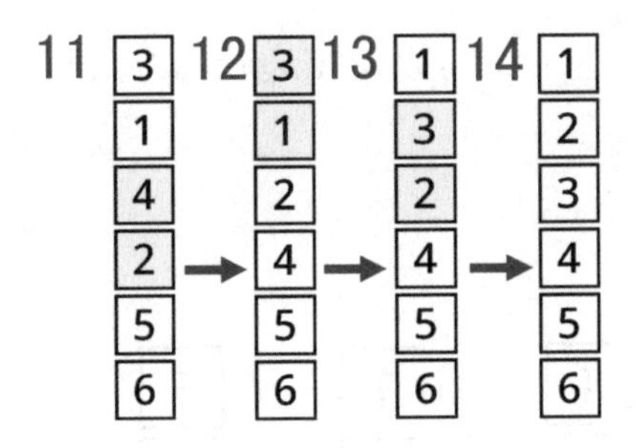

排序开始后，它从最左边第 1 个单元格开始，和后面的元素做比较，如果后面的值更小就两者互换，这样就把更大的元素向后移动了一个单元格。

状态 1，准备第 1 个和第 2 个单元格互换。

状态 2，第 1 和第 2 个单元格互换完毕，现在跟踪第 2 个单元格，比较它和它后面单元格的大小，如果后面的单元格小，就互换，状态 2 时 6 和 5 准备互换。

可以看到，这样的互换一直到状态 6，相当于把列表里最大的值筛选了出来，放置在了列表最后一个单元格，并且中途也对其中一些单元格做了整理。

从状态 6 开始第 2 轮的冒泡，因为第 1 个单元格的值 4 并不比第 2 个单元格的值 5 更大，所以略过这个单元格，继续向下跟踪第 2 个单元格，并继续冒泡的过程，从状态 6 到状态 9，就是元素 5 一直冒泡到第 5 个单元格的过程。

从状态 9 到状态 12，是元素 4 被冒泡到合适位置的过程。

从状态 12 到状态 14，元素 3 被冒泡到合适的位置。

状态 14，剩下的第 1 个单元格和第 2 个单元格里的元素都不符合冒泡条件，因此冒泡式排序的过程结束，得到了正确的排序列表。

9.5 快速排序算法

快速排序算法算是速度比较快的方法，但它快在哪里呢？

它的大体原理是，每次都选择一个元素，并以它为基准把列表分成两部分，左边所有元素都小于这个值，右边所有元素都大于这个值，然后对左、右两个列表再次使用这样的“分而治之”策略，再对它们进行分别的排序，直到左右的列表都变成单个元素。

有的小朋友是不是能立刻感觉出来，这个算法，应该可以使用递归的方式来编写。

下图是算法的具体运作示意图。

1	2	3	4	5	6	7
6	6	2	1	1	1	1
4	4	4	4	2	2	2
5	5	5	5	5	4	3
3	3	3	3	3	3	4
1	1	1	2	4	5	5
2	2	6	6	6	6	6

我们的算法中，规定每次都选择列表的第 1 个元素作为分割列表的基准值，在状态 1，它选择第 1 个元素 6 作为划分两个列表的基准，比 6 小的所有元素移动到它的左边，比 6 大的所有元素移动到它的右边。具体是如何实现呢？

选择了分割基准元素后，先从列表最右侧向左寻找，直到找到一个比它小的元素，并且进行位置互换，状态 2 它找到了最后的元素 2，准备和 6 互换。

互换完后处于状态 3，这时再从列表最左侧寻找比分割基准元素 6 小的元素，这里是找不到的，所以就把状态 3 的 6 左侧所有值作为左侧列表，没有右侧列表，现在的问题变成对状态 3 除 6 之外的前面所有元素做快速排序。

在状态 3，选择第一个元素 2 作为分割基准元素，从右侧找到比它小的 1 做一次互换，来到状态 4。

状态 4 时，从左侧找到了比分割基准元素 2 大的 4，两者准备互换；

互换完后来到状态 5，这时，2 的左侧只有比它小的元素 1，右侧只有比它大的元素 5、3、4，这就完成了列表划分，左侧只有 1 个元素，不需要再排序，对右侧的列表 5、3、4 再次应用快速排序。

状态 5 时，选择第一个元素 5 作为分割基准，和右侧元素 4 互换位置后，分割出了左侧列表 4、3，右侧没有列表，如状态 6 所示。

在状态 6 时，选择这个子列表的第一个元素 4 作为分割基准，和右侧元素 3 互换位置，分割出了左侧列表 3，右侧没有列表，这时左侧列表也只有 1 个元素，排序完成。

9.6 第二个动画效果示例

实际上，本章上面使用的所有算法运行状态图都是使用 Scratch 编程实现的动画效果的截图，强烈建议小朋友也去下载这个案例，运行它并观察分析它的动作。

它的运行界面如下图所示。它能直观地展示出具体的数值是如何动作的，可能对你理解算法原理更有帮助。它唯一的缺点是，毕竟 Scratch 的舞台大小有限，它只支持 8 个以内数字的列表排序，而本书示意图为了简化，只使用了 6 个数字的列表。

为了让它提供一致的数据截图，它初始的列表顺序都是固定的，但你随时可以打散列表，然后单击左侧某个排序按钮，观察它的动作。如果你希望更加放慢动作，你可以把左上角的滑块设置为 1，每个动作之后都会等待你鼠标单击之后才会继续。

9.7 重点回顾

本章我们利用 Scratch 能快速打造图形化应用的优点，针对我们讨论的几种基本排序算法，提供了两种形式的动画展示，以便让小朋友们能对照理解其中的动作过程。

通过本章的内容，我们不要求小朋友能够自己编制排序程序，所以本章并没有展示相应的 Scratch 代码，但小朋友们应该理解每种排序算法的总体思路。

AI 算法

本章知识点

本章的核心知识点包括：

1．了解 **AI** 的概念。

2．了解如今的 **AI** 的大概原理。

本章我们给小朋友做一个纯粹科普性的介绍，介绍现在非常火热的概念——**AI**。只要小朋友能了解 AI 大概的意思，这章的目的就达到了。毕竟，学习 **Scratch** 是为了以后学习编程，以后学习编程也很可能会涉及 **AI** 的领域。

10.1 AI 到底是什么

AI，英文全称 Artifical Intelligence，就是人工智能的意思。

人们从发明计算机之初，就希望人工打造的这个机器能够模仿人脑的运算和人脑的智能。所以从广义上说，计算机的所有算法都属于 AI 人工智能的范围。

但是，最近几年流行的 AI 概念和以往的 AI 又有一些本质的区别，我们暂且把以往的算法称为传统 AI，把新近流行起来的 AI 称为现代 AI。

我们用下面的图示来表示它们的关系。广义的 AI 包括了传统的 AI 和现代的 AI，至于未来二者如何结合，或者有没有新的 AI 范畴，就另当别论了。

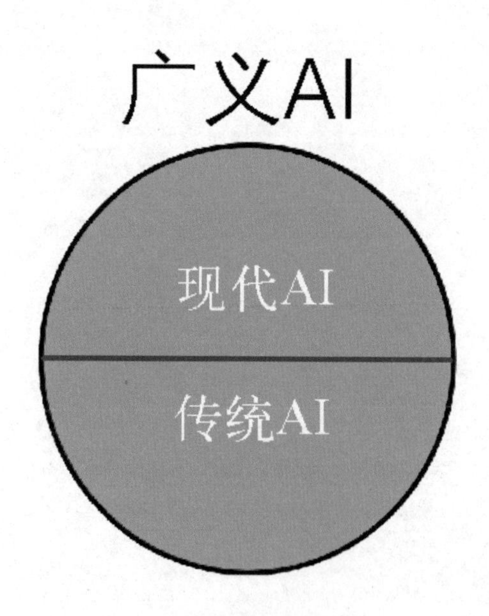

本书编制的所有案例都可以归类到传统 AI 的范畴，这本来就是计算机发明的目的。

但现在人们谈到的 AI 通常都是指现代 AI，它们和传统 AI 有什么区别呢？

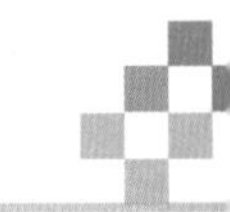

10.2 现代 AI 和传统 AI 的区别

现代 AI 和传统 AI 有本质上的区别，仍然看一张示意图。

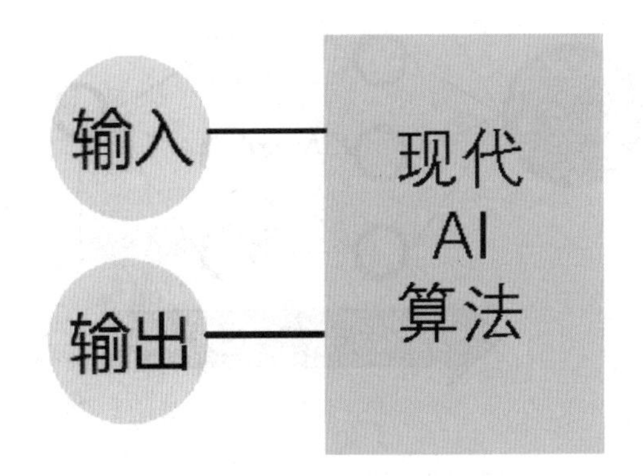

图中，上面是传统算法的模式，对于一个问题，我们先有输入，根据输入编制传统算法，去求解输出。比如我们要求解 n!，先有了输入 n，然后我们需要编写一个程序，用它来求解输出值。

图中下面的部分是现代 AI 的模式，我们已知某些问题的输入数据，也有这个问题的输出数据，我们就利用这些输入和输出数据，去求解一个算法，然后再把这个算法应用到新的输入上去。

比如人脸识别的问题，我们已经预先收集了很多人的人脸图像，这是原始的输入数据，我们也已经知道了这些人脸图像到底是谁，这是已有的输出数据。利用这些输入和输出数据，现代 AI 技术就去求解某个算法，得到这个算法后，再去识别某个人脸的照片，注意这个照片可能和之前已有的输入照片都不相同（一个人在不同的时候表情可能不同，背景可能不同，光线也可能不同，所以照片很可能不相同），它就有可能自己识别出来到底是谁。

小朋友如果要问，那现代 AI 算法是如何实现的呢？不同领域的算法有所不同，但现代 AI 基本都是建立在神经网络和深度学习的基础上的。

下图是神经网络的示意图。每个浅蓝色圆圈都是一个神经元，纵向排列的一组神经元组成一个层，前一层神经元的输入传递给下一层，直到最终的神经元取得结果，然后要和已知输出（可以看作是“正确答案”）做比较，然后把误差再返回到神经网络中，一个一个修改神经元的参数。这样多次循环操作，直到神经网络的输出与已知输出的误差小于一定范围，就认为得到了一个可用于求解的算法，它包括这个神经网络的组成结构和所有神经元的参数值。

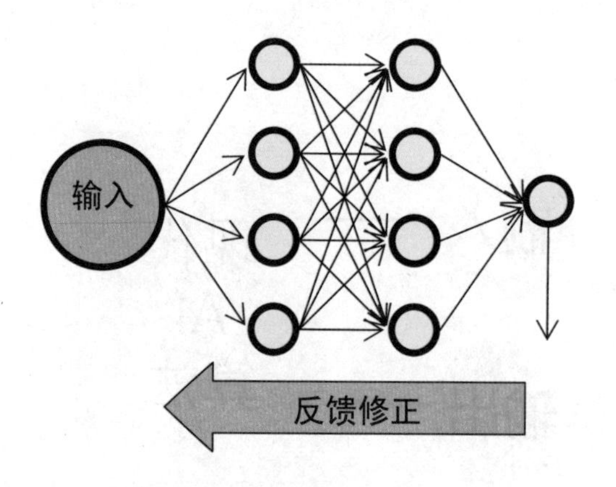

神经网络示意图

上图中只包括了 3 层神经元（除去输入层、输出层外，只剩下一个中间层），实际应用中，神经网络的层数可能有成千上万层，每层的神经元数量也可能非常大，已知输入输出的数据量也会非常大，所以求解是一个有着巨大计算量的过程，而且也不是每次都能够求解到符合要求的方案。这也就是现代 AI 要解决的问题。

所以，现代 AI 采用的技术基本上都基于深度神经网络技术，从它的运行原理来讲，人们也称其为机器学习方法。可见，现代 AI 技术是建立在已有大量的数据、可以使用高速计算能力的基础之上的。当然，现在还有强化学习的概念，它并没有收集到大量已知输出，但它却知道什么输出是“好”的、什么输出是“坏”的，这样来评价机器学习结果的误差来做反馈修正，所以大致道理是类似的。

10.3 现代 AI 和传统 AI 的优劣

传统 AI 和现代 AI 各有自己的优缺点，也各有自己的应用领域。

如果你面对的问题能够从数学上找到一个算法去求解，传统 AI 技术无疑是最好的，因为它能够求得精确解，而且程序运行的复杂度、效率都是事先可知的。

但世界上还有太多问题并不能给出一个确切的数学算法，尤其是在模仿人脑的思维方面（比如人脸识别这样的问题），传统 AI 技术就有些无能为力，而最近兴起的现代 AI 技术却取得了非常突出的进度，甚至已经超过了真人的识别准确率。

但是，现代 AI 也仍然面临很多问题，比如神经网络的结构和参数设定需要有大量经验因素、缺乏面对众多领域的通用 AI 技术等。也就是说，现代 AI 技术更多还停留在“针对一个问题，给出一个方法”的层面上。

10.4 重点回顾

好了，本章我们对 AI 这个概念做了一个大体的介绍，希望小朋友们能对 AI 不再那么陌生。

当然，我们也希望小朋友能从中认识到数学的重要性，传统 AI 基本上是先有数学算法，再形成程序；现代 AI 则是先有了已知输入输出，去计算 AI 算法，这个计算的内部细节更是离不开大量的数学知识。

11 结语

计算机相关科技领域的进展，已经成为社会发展的最重要动力之一，这也是最近算法火热的原因之一。

很多人相信，未来各行各业可能都离不开编程和算法，就像现在计算机已经成为各个行业的工具一样。还记得很多年前我刚刚参加工作时，会使用计算机还是一个稀缺的技能，哪怕只是使用 Word 打印个文档或者使用 Excel 统计一些报表。不知道未来十年后，人们看待算法是不是也有类似的感觉。

在这种大潮下，青少年编程也成了热点，当然，这也和 Scratch 这种图形化、积木化的编程工具的出现不无关系。的确，每个时代成长起来的小朋友，都有不同于以往年代的玩具，希望本书能成为小朋友们玩转 Scratch 这个超级玩具的手册。

在这个过程中，家长对某个领域的擅长对子女的影响可能远比我们想象的要大。家长只要花上不太多的时间，就能很快掌握 Scratch 的知识，再和小朋友一起投入到 Scratch 的游戏之中，这无疑是促进小朋友快速掌握编程的最佳途径之一。